城镇污水处理厂施工技术

中交一公局第二工程有限公司

孙 凯 王 腊 孙广滨 主编

U0196161

中国建筑工业出版社

图书在版编目（CIP）数据

城镇污水处理厂施工技术／中交一公局第二工程有

限公司等主编. —北京：中国建筑工业出版社，2023.3（2023.12 重印）

ISBN 978-7-112-28261-6

Ⅰ. ①城… Ⅱ. ①中… Ⅲ. ①城市污水处理-污水处

理厂-工程施工 Ⅳ. ①X505

中国版本图书馆 CIP 数据核字（2022）第 240603 号

本书以渭南市污水处理厂提标改扩建工程为例，详细讲述城镇污水处理厂
施工技术，全书共 5 章，包括：概述；污水处理厂工艺流程；污水处理厂土建
工程施工技术；污水处理厂设备工程施工技术；污水处理厂施工管理。本书内
容丰富，具有很强的实用性、指导性，可供污水处理厂建设、施工、监理单位
管理人员及广大施工人员阅读使用。

责任编辑：张　磊
文字编辑：沈文帅
责任校对：李美娜

城镇污水处理厂施工技术

中交一公局第二工程有限公司

孙　凯　王　腊　孙广滨　　主编

*

中国建筑工业出版社出版、发行（北京海淀三里河路 9 号）

各地新华书店、建筑书店经销

北京鸿文瀚海文化传媒有限公司制版

建工社（河北）印刷有限公司印刷

*

开本：787 毫米×1092 毫米　1/16　印张：8¼　字数：206 千字

2023 年 4 月第一版　　2023 年 12 月第二次印刷

定价：**36.00** 元

ISBN 978-7-112-28261-6

（40643）

编写委员会

主　　编：孙　凯　王　腊　孙广滨

副 主 编：蒋晓龙　王学渊　余显洋　王浩宇　马志途

编写人员：张　健　臧大铭　兰天皓　陈　杰　张雨成

　　　　　王珏珩　徐　挺　董　政　张旭日　李新民

　　　　　雷俊杰　段　浩　单其成　高　旭　张智循

　　　　　许　波　刘岗岗

前　　言

　　污水处理厂作为城市重要的基础设施之一，一直被列为城市发展的重点建设对象。在我国，包括水环境的环境保护已作为一项基本国策加以贯彻，得到了全社会和各级人民政府的高度重视。为此，国务院相关部门颁布了一系列相关法律和法规，以保证这项基本国策的贯彻和执行。目前污水处理行业是国家大力发展的行业，但是各地污水处理的发展力度还赶不上国家对水环境保护的要求。2017 年 5 月，陕西省环保厅科技处组织召开《黄河流域（陕西段）污水综合排放标准》DB61/224—2011 修订项目开题论证会，修订后将作为流域内新建项目环评审批、现有项目监管执法以及核发排污许可证的重要技术依据，对于全面推进该流域水污染防治及水环境管理工作，切实保障流域水环境质量的全面改善具有非常重要的意义。标准中提出，到 2020 年，所有污水处理厂除总氮指标外，基本控制指标达到准Ⅳ类，再生水利用率达到 20％以上。目前，现有污水处理厂的污水处理能力以及水质排放标准已经不能满足国家新的排放标准要求，因此，对现有污水处理厂进行提标改扩建成为当务之急。

　　基于此，本书由中交一公局第二工程有限公司以渭南市污水处理厂提标改扩建工程为依托，围绕城市污水处理厂施工技术的研究，结合相关污水处理标准及规范，从污水处理工艺、新建池体土建施工、原有池体土建改造、污水处理设备选型等方面进行全面地归纳和总结，针对城镇污水处理厂施工技术进行系统的研究，旨在为尚不清楚城镇污水处理厂施工技术的业内外人士提供有关城镇污水处理厂提标改造施工的相关知识和指导建议，为从业人员提供一个清晰的工作思路和标准流程，帮助从业人员系统了解城镇污水处理厂改造施工的技术要点和操作规程，从而更加安全、更加高效、更加完善地统筹推进城镇污水处理厂提标改扩建项目，提高业内外人士对污水处理工艺的了解，提升业内人员整体的污水处理知识及施工技术水平。

　　在本书的撰写过程中，得到了渭南市排水有限责任公司、中国市政西北设计研究院有限公司、甘肃中建市政工程勘察设计研究院有限公司等单位的大力支持，对配合本研究的相关工程技术人员和合作单位，在此一并表示衷心的感谢。

　　限于作者水平、能力及可获得的资料有限，书中难免存在不妥之处，敬请各位专家、同行和读者批评指正。

目　　录

1

概　述

1.1　污水处理厂特点

　　污水处理厂作为城市重要的基础设施之一，一直被列为城市发展的重点建设对象。根据《渭南市排水工程规划（2008—2020年）说明书》，渭南市中心城区共规划三个污水处理厂，分别为渭南市第一、第二污水处理厂（第一、第二污水处理厂为一个污水处理厂，以下简称一厂、二厂）、高新区污水处理厂、滨河西区污水处理厂；一厂现状规模为10.0万 m^3/d，现已满负荷运行；二厂一期规模为3.0万 m^3/d，现已投入运行，二厂远期规模为6.0万 m^3/d；高新区污水处理厂现状规模为6.0万 m^3/d，规划远期处理的污水规模约为8.00万 m^3/d；滨河西区污水处理厂规划远期处理的污水规模约为2.4万 m^3/d。沈河贯穿渭南市主城区南北，是一条重要的景观河流。现状沈河水污染严重，大量污水未经妥善处理直接排入水体中导致水体持续恶化，目前沈河水体水质低于《陕西省水功能区划》中Ⅳ类水的水质目标，河道污染甚至危及供水安全。自《水污染防治行动计划》颁布以来，国家及各省市出台各种相应政策及要求，一厂、二厂作为沈河水环境治理的一部分，目前出水水质为一级A标准，通过本工程的建设，可使沈河水质达到国家地表水考核断面要求。同时2017年5月，陕西省生态环境厅科技处组织召开《黄河流域（陕西段）污水综合排放标准》DB61/224—2011（以下简称"黄河地标"）修订项目开题论证会，修订后将作为流域内新建项目环评审批、现有项目监管执法以及核发排污许可证的重要技术依据，对于全面推进该流域水污染防治及水环境管理工作，切实保障流域水环境质量的全面改善具有非常重要的意义；标准中提出，到2020年，所有污水处理厂除总氮指标外，基本控制指标达到准Ⅳ类，再生水利用率达到20%以上。在此背景下，对一厂、二厂进行提标方案设计，统筹考虑一厂、二厂现状，最大程度统一设计、统一建设，减少工程再建或改造的可能性，减少工程投资及运行成本，一次性达到《陕西省黄河流域污水综合排放标准》DB61/224—2018要求的污水处理厂出水标准。

1.2　污水处理厂面临的问题

　　近年来，随着改革开放的深入，渭南市的经济高速发展，同时为深入贯彻国务院《水污染防治行动计划》，陕西省、西安市均陆续出台了《陕西省水污染防治工作方案》（陕政发〔2015〕60号）、《陕西省水污染防治2017年度工作方案》（陕政办发〔2017〕17号）、《西安市水污染防治工作方案》（市政办发〔2016〕64号）、《西安市渭河水污染防治巩固提高三年行动方案（2015—2017年）》（市政办发〔2015〕40号）、《关于全面落实河长制的实施意见》（市字〔2017〕11号）等文件，以环境质量改善为核心，坚持由治标向治本转变，强化源头严防、过程严管、后果严惩全程监管，通过加快污水处理厂和配套管网建设、加强污泥安全处置与综合利用、提高再生水利用率等措施，进一步提升渭南市水环境质量水平。

1.3　本工程概况

渭南市总体为南高北低、西高东低的地形地势，东西方向较为平坦，根据其地势情况将渭南市主城区的中心区大体分为两个分区考虑。一厂主要收集乐天大街以南区域的城区污水；二厂主要收集乐天大街以北区域的城区污水。乐天大街以南（含乐天大街）区域的污水经过管网改造后，主要自西向东方向沿乐天大街布置主干管，由于地势较为平坦，污水在城区西侧收集后，汇入前进路与乐天大街交汇处的已建的污水泵站后继续沿乐天大街向西敷设；东侧老城区则自南向北穿越河道与污水干管汇合后，一并进入渭南市一厂后，经处理排入渭河。二厂位于城市的东北角，根据渭南市南高北低、西高东低的地形地势，污水通过南北方向的支干管及东西方向的主干管重力自流即可到达污水处理厂，无需再建泵站，且污水经处理后可直接排入河中。因此其排水系统的总体布局为：北部片区以南北方向的支干管自南向北汇入东西方向的污水主干管后，自西向东重力自流进入二厂。

渭南市污水处理厂提标改扩建工程项目包括三个建设地点，分别为：一厂及回水厂厂区内、二厂一期工程北侧、乐天大街与沈河西堤十字北侧。其中第一部分内容包括：改造原有6万 m^3/d 再生水处理单元，新建7万 m^3/d 高效沉淀池，达到13万 m^3/d 的污水处理能力，包含高效沉淀池、中间提升泵房等，扩建工程建设规模为3万 m^3/d 的污水处理能力，包含提升泵房、生物反应池等；第二部分内容包括：新建初期雨水调蓄池1座，调蓄容积28900 m^3；一厂一期SBR工艺、一厂二期CASS工艺技术改造；第三部分内容包括：新建中水回用管道19.396km，其中 $DN300 \sim DN600$ 的球墨铸铁管为16.11km，$DN100 \sim DN150$ 的PE给水管为3.259km；污水源热泵供热系统1套，总供热面积为25万 m^2，配套 $DN700$ 供热管道（双管）为3km。渭南污水处理厂平面图如图1.3-1所示。

图1.3-1　渭南污水处理厂平面图

2

污水处理厂工艺流程

2.1 现状工艺流程

　　渭南市污水处理厂分为一厂、二厂和回用水厂。一厂分两个阶段建设，一期规模为 6 万 m^3/d，采用 SBR 生物处理工艺；二期为规模 4 万 m^3/d，采用 CASS 生物处理工艺；总处理规模为 10 万 m^3/d。出水执行《城镇污水处理厂污染物排放标准》GB 18918—2002 中的一级 B 标准。一厂改造前工艺流程图如图 2.1-1 所示。

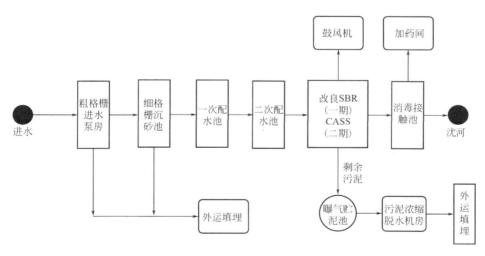

图 2.1-1 一厂改造前工艺流程图

　　一厂于 2015 年进行了提标改造建设，出水由一级 B 标准提升至一级 A 标准，增加"曝气生物滤池＋反硝化深床滤池、混凝沉淀池"工艺。

　　二厂一期规模为 3 万 m^3/d，2015 年投入运行，采用"多段多级 A/O 生物反应池＋精密过滤器"处理工艺，污水处理厂出水排入沋河，出水执行《城镇污水处理厂污染物排放标准》GB 18918—2002 中的一级 A 标准。二厂改造前工艺流程图如图 2.1-2 所示。

3

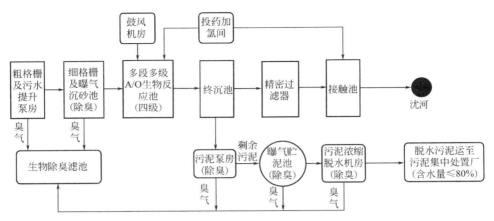

图 2.1-2 二厂改造前工艺流程图

2.1.1 污水处理厂提标改造的依据

按照《陕西省渭河流域生态环境保护办法》《陕西省渭河流域水污染防治条例》《陕西省渭河流域管理条例》《陕西省黄河流域污水综合排放标准》DB61/224—2018 等法律法规及标准规范，自 2019 年 8 月 1 日起，现有城镇污水处理厂执行《陕西省黄河流域污水综合排放标准》DB61/224—2018 规定的水污染物排放浓度限值的要求（准Ⅳ类水），该限值要求高于目前渭南污水处理厂一厂、二厂的《城镇污水处理厂污染物排放标准》GB 18918—2002 中的一级 A 标准，因此需要对一厂、二厂再次进行提标。将《陕西省黄河流域污水综合排放标准》DB61/224—2018 规定的水污染物排放浓度限值的要求（准Ⅳ类水）与《城镇污水处理厂污染物排放标准》GB 18918—2002 中的一级 A 标准相对照，其中 COD_{Cr}、BOD_5、$NH_3\text{-}N$、TP 的指标均无法达到《陕西省黄河流域污水综合排放标准》DB61/224—2018 排放浓度限值的要求。

2.1.2 现状水质分析

现状污水处理厂进出水水质情况分析如表 2.1-1 所示。

现状污水处理厂进出水水质情况分析 表 2.1-1

指标	COD_{Cr}(mg/L)		BOD_5(mg/L)		SS(mg/L)		$NH_3\text{-}N$(mg/L)		TN(mg/L)		TP(mg/L)	
	一厂	二厂	一厂	二厂	一厂	二厂	一厂	二厂	一厂	二厂	一厂	二厂
进水均值	426.6		—		—		36.3		46.1		5.52	
出水均值	21.84	21.48	10	10	≤10	≤10	3.55	2.25	13.22	11.83	0.6	0.49
出水最不利值	56	96					16.2	19.8	21	22.7	5.4	3.15
准Ⅳ类水标准	30		6		10		1.5(3)		15		0.3	
达标情况	不达标		不达标		达标		不达标		达标		不达标	

注：出水中 TN 仅是特殊时段偶然出现不达标。

根据以上进出水水质情况分析，确定本工程提标改造的重点是以 COD_{Cr}、BOD_5、$NH_3\text{-}N$ 和 TP 为主要去除目标。

2.1.3　处理重点及难点分析

提标改造进出水水质及污染物去除率如表 2.1-2 所示。

提标改造进出水水质及污染物去除率　　　　表 2.1-2

指标	COD_{Cr}(mg/L)	BOD_5(mg/L)	SS(mg/L)	NH_3-N(mg/L)	TN(mg/L)	TP(mg/L)
进水水质	50	10	10	8	15	0.8
出水水质	30	6	10	1.5(3)	15	0.3
去除率	40%	40%	0%	81.3(62.5)%	0%	62.5%

（1）SS 的去除

现状污水处理厂出水 SS 浓度能稳定达到 10mg/L 以下，满足出水要求，因此 SS 的去除不是本工程重点，只需保证污水处理厂过滤单元的正常运行即可。

（2）BOD_5 的去除

本工程 BOD_5 去除率要求≥40%，除反硝化所需碳源外，应通过延长生物池好氧停留时间，或设置具有生物脱碳功能的深度处理单元进一步降解 BOD_5，以保证出水满足 BOD_5 浓度≤6mg/L。

（3）COD_{Cr} 的去除

本工程 BOD_5 去除率要求≥40%，COD_{Cr} 的去除率取决于原污水的可生化性，与城市污水的组分有关，从现状厂实际运行来看，进厂污水可生化性较好，出水 COD_{Cr} 可以控制在较低的水平。经二级生物处理、深度处理工艺，出水可满足 COD_{Cr} 浓度≤30mg/L。

（4）N 的去除

现状污水处理厂出水 TN 浓度能稳定达到 15mg/L 以下，满足出水要求，而 NH_3-N 不满足出水要求，因此 NH_3-N 的去除是本工程处理的重点，一般 N 的去除需将 NH_3-N 通过曝气使其转化为硝态氮，再通过反硝化作用去除；仅对于 NH_3-N 的去除则应通过延长生物池好氧停留时间，或设置具有生物脱氮功能的深度处理单元进一步降解 NH_3-N，以保证出水满足 NH_3-N 浓度≤1.5mg/L。

（5）P 的去除

经过生物处理单元，TP 已降至很低的水平，但由于生物除磷去除率有限，本工程出水 TP 浓度要求≤0.3mg/L，仅通过生物除磷无法实现，需辅助以化学除磷，选择在深度处理单元投加化学除磷药剂，使其稳定达标。

2.2　提标改造后工艺流程

本次提标改造将一厂 CASS 与 SBR 工艺改造为多段多级 A/O 工艺、二厂采用生物反应池（改造为多段多级 A/O 反应池＋移动床生物膜反应器（MBBR），即原多段多级 A/O 反应池投加填料）的方式实现对 COD_{Cr}、BOD_5 以及 NH_3-N 的去除，对于 TP 的去除则通过在高效沉淀池投加化学除磷药剂实现达标。考虑到目前再生水厂已有 6 万 m^3/d 再生水系统，目前由于设备老化问题处于闲置状态，通过对其老化设备进行改造，完全可投入使用，可减小新建高效沉淀池规模，通过改造 6 万 m^3/d 再生水系统＋新建 7 万 m^3/d 高效沉淀池，将原一级 A 出水标准提升准Ⅳ类标准。提标改造后工艺流程图如图 2.2-1 所示。

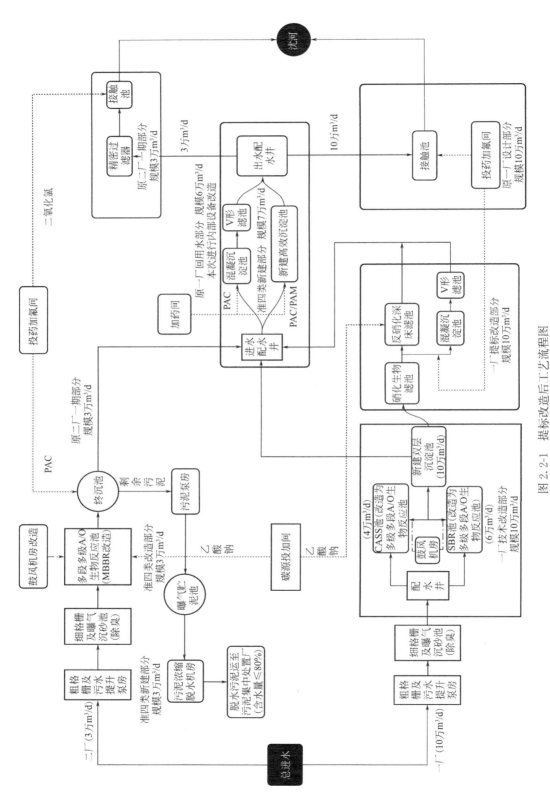

图 2.2-1 提标改造后工艺流程图

注：实线为工艺路径，虚线为加药路径。

2.3 污水处理工艺

污水处理的目的就是对污水中的污染物以某种方法分离出来，或者将其分解转化为无害稳定物质，从而使污水得到净化。污水处理方法的选择主要是根据污水水质和水量以及污水处理后的用途等；取决于污水中污染物的性质、组成、状态及对水质的要求。主要包括以下三种方法：

物理法：利用物理作用处理，分离和回收污水中污染物。如沉淀法、浮选法、过滤法、蒸发法。

化学法：利用化学反应或物理化学作用处理回收可溶性废物或胶装物质。如中和法、萃取法、氧化还原法。

生物法：利用微生物的新陈代谢作用降解污水中的有机污染物。如生物过滤法、活性污泥法。

城市污水处理步骤划分为：

一级处理（预处理）：应用物理处理法去除污水中不溶解的污染物和寄生虫卵。

二级处理（生化处理）：应用生物处理法将污水中各种复杂的有机物氧化降解为简单的物质。

三级处理（深度处理）：应用化学沉淀法、生物化学法、物理化学法等，去除污水中的磷、氮、难降解的有机物、无机盐等。

污泥处理：污泥浓缩、脱水。如浓缩池、离心机、带式压滤机、板框压滤等。

2.3.1 一级处理工艺

本工程污水一级处理工艺采用粗格栅及污水提升泵房＋细格栅及曝气沉砂池、砂水分离器、巴氏流量槽；主要设备循环式耙齿格栅清污机、潜污泵、渣车、冲洗系统。

（1）格栅

格栅是由一组平行的金属栅条制成的金属框架，斜置在废水经流的渠道上，或泵站集水池的进口处，用以截阻大块的呈悬浮或漂浮状态的固体污染物，以免堵塞水泵和沉淀池的排泥管。它由一种独特的耙齿厂装配成一组回转格栅链。在电机减速器的驱动下，耙齿链进行逆水流方向回转运动。耙齿链运转到设备的上部时，由于槽轮和弯轨的导向，使每组耙齿之间产生相对自清运动，绝大部分固体物质靠重力落下，另一部分则依靠清扫器的反向运动把粘在耙齿上的杂物清扫干净。按水流方向耙齿链类同于格栅，在耙齿链轴上装配的耙齿间隙可以根据使用条件进行选择。耙齿把流体中的固态悬浮物分离后可以保证水流畅通流过。整个工作过程是连续的，也可以是间歇的。截留效果取决于缝隙宽度和水的性质。按规格分为：粗格栅（40～100mm）、中格栅（10～40mm）、细格栅（3～10mm）。回转式格栅机如图 2.3-1 所示。

（2）沉沙池

沉砂池主要从污水中分离密度较大的无机颗粒，保护水泵和管道免受磨损，缩小污泥处理构筑物容积，提高污泥有机组分的含量，提高污泥作为肥料的价值。主要分为平流式沉砂池、竖流式沉砂池和曝气沉砂池，平流式沉砂池实际上是一个比入流渠道和出流渠道

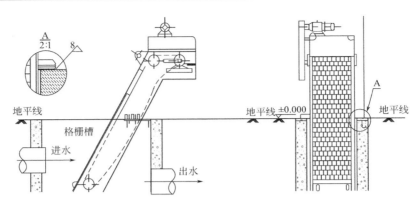

图 2.3-1　回转式格栅机

宽而深的渠道，当污水流过时，由于过水断面增大，水流速度下降，废水中夹带的无机颗粒在重力的作用下下沉，从而达到分离水中无机颗粒的目的。竖流式沉砂池是污水由中心管进入池内后自下而上流动，无机物颗粒借重力沉于池底，处理效果一般较差。曝气沉砂池是在长方形水池的一侧通入空气，使污水旋流运动，流速从周边到中心逐渐减小，砂粒在池底的集砂槽中与水分离，污水中的有机物和从砂粒上冲刷下来的污泥仍呈悬浮状态，随着水流进入后面的处理构筑物。沉砂池如图 2.3-2 所示，曝气沉砂池如图 2.3-3 所示。各类沉砂池优缺点对比如表 2.3-1 所示。

图 2.3-2　沉砂池

图 2.3-3　曝气沉砂池

各类沉砂池优缺点对比　　　　　　　　　　　　　　　　　　表 2.3-1

序号	类型	优点	缺点	适用范围	备注
1	平流式沉砂池	构造简单，截流无机颗粒效果较好，除砂设备国产化占比高，造价低，工作稳定	占地面积大	城市污水处理厂沉砂池的主要池型	
2	竖流式沉砂池	占地小，适用于小水量	除砂效果差，运行管理不便	城市污水处理厂沉砂池极少采用	
3	曝气沉砂池	除砂效率高，有机物与砂分离效果好，可以控制污水的旋流速度，使除砂效率较稳定，受流量变化影响小，同时还对污水起到预曝气作用	曝气作用要消耗能量，对生物脱氮除磷系统的厌氧段或缺氧段的运行存在不利影响	适用于大部分城市污水处理厂沉砂池	

2.3.2 二级处理工艺

污水二级处理主要为大幅度去除水中呈胶体和溶解状态的有机性污染物，BOD_5 去除率可达 90% 以上。二级处理的方法主要有活性污泥法和生物膜法。活性污泥法是一种污水的好氧生物处理法，活性污泥法及其衍生改良工艺是处理城市污水使用最广泛的方法。它能从污水中去除溶解性的和胶体状态的可生化有机物以及能被活性污泥吸附的悬浮固体和其他一些物质，同时也能去除一部分磷素和氮素，是废水生物处理悬浮在水中的微生物的各种方法的统称。生物膜法是与活性污泥法并列的一类废水好氧生物处理技术，是一种固定膜法，主要去除废水中溶解性的和胶体状的有机污染物。处理技术有生物滤池（普通生物滤池、高负荷生物滤池、塔式生物滤池）、生物转盘、生物接触氧化设备和生物流化床等。

活性污泥法核心是反应池，由于活性污泥法一般为好氧系统，反应中需鼓入空气，使溶解氧浓度保持在 2mg/L 左右，故反应池亦称曝气池。曝气池的类型很多，最常用的有 A/O 池、A^2/O 池、氧化沟、SBR、CASS 工艺等。

本工程二级处理主要采用活性污泥法，一厂二级处理工艺（CASS 生物反应池、SBR 生物反应池）改造多段多级 A/O 工艺＋双层沉淀池＋曝气生物滤池＋反硝化深床滤池。二厂二级处理工艺为改良多段多级 A/O＋MBBR 生物池＋二沉池。

（1）CASS 工艺

CASS 工艺即循环式活性污泥法，它的反应池用隔墙分为选择区和主反应区，进水、曝气、沉淀、排水、排泥都是间歇周期性运行。省去了常规活性污泥法的二沉池和污泥回流系统；同时可连续进水，间断排水。它的脱氮除磷效果较好，防止污泥膨胀的性能好。CASS 工艺在小规模污水处理中应用较为广泛，可不用单独设置沉淀池，但其对自控仪表要求更高，抗冲击负荷能力较差，且总氮的去除率不高，无法满足本工程提标后总氮去除要求，后续深度处理单元需要具备脱氮功能，且需要投加碳源，从而导致深度处理单元构筑物复杂，运行管理难度大，运行成本高。CASS 工艺流程图如图 2.3-4 所示。

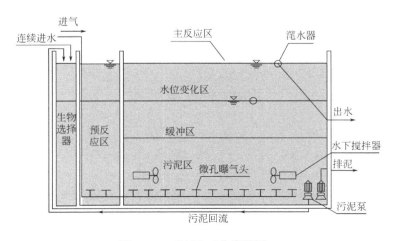

图 2.3-4　CASS 工艺流程图

（2）SBR 工艺

SBR 工艺是一种按间歇曝气方式来运行的活性污泥污水处理技术。它的主要特征是在运行上的有序和间歇操作，SBR 技术的核心是 SBR 反应池，该池集均化、初沉、生物降解、二沉等功能于一池，无污泥回流系统。SBR 工作过程是：在较短的时间内把污水进入反应器中，并在反应器充满水后开始曝气，污水里的有机物通过生物降解达到排放要求后停止曝气，沉淀一定时间后，通过滗水器将上清液排出。传统的 SBR 工艺所有操作都是间歇的、周期性的。脱氮除磷效果不够稳定，如脱氮除磷要求高，需要做一些改进。SBR工艺流程如图 2.3-5 所示。

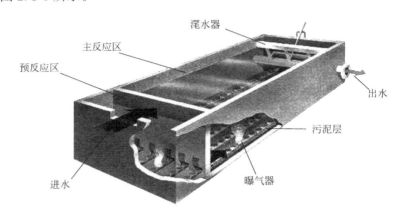

图 2.3-5　SBR 工艺流程

（3）A/O 工艺系列

A/O 工艺法也叫厌氧好氧工艺法，A 是厌氧段，用于脱氮除磷；O 是好氧段，用于除水中的有机物。它的优点是除了使有机污染物得到降解之外，还具有一定的脱氮除磷功能，是将厌氧水解技术用作活性污泥的前处理，所以 A/O 法是改进的活性污泥法。A/O工艺使污水经过厌氧、好氧两个生物处理过程，达到同时去除 BOD、氮和磷的目的。没有硝化的 A/O 工艺，即厌氧/好氧生物除磷工艺。除了厌氧段和好氧段被隔成体积相同的多个完全混合式反应格外，该工艺主要特征是高负荷运行、泥龄短、水力停留时间短。A/O 工艺流程图如图 2.3-6 所示。

图 2.3-6　A/O 工艺流程图

A^2/O 污水处理系统：使污水经过厌氧、缺氧及好氧三个生物处理过程（简称 A^2/O），达到同时去除 BOD、氮和磷的目的。工艺原理为：首段厌氧池，流入原污水及同步进入的从二沉池回流的含磷污泥，本池主要功能为释放磷，使污水中磷的浓度升高，溶解性有机物被微生物细胞吸收而使污水中的 BOD_5 浓度下降；另外，NH_3-N 因细胞的合成而被去除一部分，使污水中的 NH_3-N 浓度下降，但 NO_3-N 含量没有变化。在缺氧池中，反硝化菌利用污水中的有机物作为碳源，将回流混合液中带入大量 NO_3-N 和 NO_2-N 还原

为 N_2 释放至空气，因此 BOD_5 浓度下降，NO_3-N 浓度大幅度下降，而磷的变化很小。在好氧池中，有机物被微生物生化降解，而继续下降；有机氮被氨化继而被硝化，使 NH_3-N 浓度显著下降，但随着硝化过程使 NO_3-N 的浓度增加，P 随着聚磷菌的过量摄取，也以较快的速度下降。A^2/O 工艺可以同时完成有机物的去除、硝化脱氮、磷的过量摄取而被去除等功能，脱氮的前提是 NO_3-N 应完全硝化，好氧池能完成这一功能，缺氧池则完成脱氮功能。厌氧池和好氧池联合完成除磷功能。为了达到同时除磷脱氮的目的，在 A/O 工艺中增设缺氧区，构成厌氧/缺氧/好氧系统，简称 A^2/O 工艺，可用于仅要求硝化的情况，也可用于要求硝化/反硝化的情况，该工艺是目前很有效的同步除磷脱氮工艺。A^2/O 工艺流程图如图 2.3-7 所示。

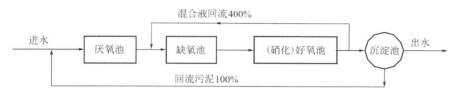

图 2.3-7　A^2/O 工艺流程图

传统的 A^2/O 工艺也存在着本身固有的特点，脱氮和除磷对外部环境条件的要求是相互矛盾的，脱氮要求有机负荷较低，污泥龄较长，而除磷要求有机负荷较高，污泥龄较短，往往很难权衡。另外，回流污泥中含有大量的硝酸盐，回流到厌氧池中会影响厌氧环境，对除磷不利。尤其是本工程 TN 去除率要求较高，传统的 A^2/O 工艺无法得到保证，需要强化脱氮功能，因此需要对传统 A^2/O 工艺进行改良，以解决该工艺存在的问题。根据不同区域设置位置及运行方式的不同，在传统工艺的基础上又出现了多种改良工艺。其中以多段多级 A/O 为代表的改良工艺受到了越来越多的关注，具有良好的应用前景。多段多级 A/O 除磷脱氮工艺，是一种污水生物处理高效脱氮除磷技术。多段多级 A/O 工艺流程图如图 2.3-8 所示。

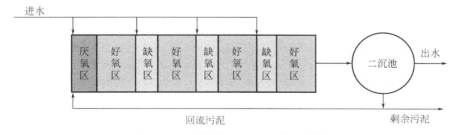

图 2.3-8　多段多级 A/O 工艺流程图

可以看出，污水分段进入生物池的厌氧区和多个缺氧区，使生物池形成多级 A/O 串联，回流污泥全部进入生物池前端的厌氧区，形成高污泥浓度梯度，增加了污泥停留时间，创造了更适合聚磷菌、硝化菌及反硝化菌生长的环境，大大增强了除磷脱氮能力。该工艺在云南曲靖市、山东潍坊市、安徽阜阳市、天津宁河区、新疆乌鲁木齐市、陕西西安市等城市的污水处理厂新建和改造项目中采用，取得了良好的效果。

1）工艺原理

多段多级 A/O 除磷脱氮工艺，部分污水与回流污泥进入第一段厌氧区，而其余污水分多段进入各缺氧区。生物池内形成了一个高污泥浓度梯度，在不增加生物池出流 MLSS 质量浓度的情况下，生物池内平均污泥浓度及污泥龄增加。污泥负荷降低，二沉池水力负荷和固体负荷均没有变化，平均污泥浓度一般为 5000～6000mg/L。此外，污水分多段进水，使生物池各段处于低营养状态，生物池各段的 BOD_5、NH_3-N 处于低浓度状态。因此系统中硝化菌和聚磷菌比增殖速度加快，在活性污泥总量中的比例增大，从而提高除磷脱氮效果。

工艺采用分段进水，生物池中每一级好氧区进行硝化菌的硝化反应和聚磷菌的生物吸磷反应，产生的硝化液直接进入下一级的反硝化区进行反硝化，这样就无需设硝化液内回流设施，且在反硝化区可以充分利用污水中的有机物作为碳源，可在较低碳源条件下达到较高的反硝化效率。各级缺氧区的反硝化细菌将前一级好氧区硝化液中的 NO_3-N 还原成 N_2，聚磷菌又以 NO_3-N 作为电子受体发生部分反硝化吸磷反应，提高了除磷脱氮效率。

2）工艺特点

①污泥浓度高。污水分多段进入生物池，回流污泥全部进入生物池前端的厌氧区，回流污泥的稀释作用被推迟，因此最后一段 A/O 区的污泥浓度最低，前面其他段的污泥浓度均高于传统的 A^2/O 工艺中生物池的污泥浓度，从而形成由高到低的污泥浓度梯度，生物池内平均污泥浓度高，污泥负荷低，使得聚磷菌、硝化菌和反硝化菌处于生长优势，强化了除磷脱氮效果。

②碳源利用充分。污水分多段进入生物池的厌氧区和缺氧区，最大限度地利用污水中的碳源，保证释磷反应和反硝化反应的进行，提高除磷脱氮效率。

③抗冲击负荷能力强。污水分多段进入生物池，且池内污泥浓度高，提高了生物池对水质水量变化冲击负荷的适应能力，处理效果稳定。

④工程投资少。污水分多段进入生物池，生物池内平均污泥浓度高，碳源利用充分。同等条件下，生物池容积小，节省工程投资。生物池容积较一般工艺小 25%～30%。

⑤运行费用低。生物池内各段好氧区的污水经硝化后直接流入下一段缺氧区，节省传统 A^2/O 工艺中的内回流，可明显节省设备的运行费和维护费。

⑥减少碱度物质投加量，硝化和反硝化反应交替进行，在硝化过程中被消耗的碱度，在反硝化过程中可以得到一定程度的补偿，pH 值基本维持在 7～8，一般不需要再补充碱度。

⑦有利于实现短程硝化反硝化和同步硝化反硝化，生物池内由多级缺氧好氧串联，在同一时间内有多个区域同时发生硝化和反硝化反应，其特征基本与同步硝化反硝化相似。

⑧抗冲击负荷能力强。污水分多段进入生物池厌氧区和缺氧区，生物池各级污染物分布均匀，处于较低浓度状态，提高了生物池对水质水量变化冲击负荷的适应能力，使处理工况稳定。

（4）氧化沟工艺

氧化沟工艺污水处理技术，是传统活性污泥法的一种改型。除磷脱氮氧化沟工艺是由传统氧化沟工艺发展而来的。为了适应除磷脱氮要求的日益提高，在传统氧化沟前端设置了专门的厌氧区。在构造特征上，氧化沟一般呈环形沟渠状，污水和活性污泥的混合液在其中连续循环流动；在水力流态上，氧化沟介于完全混合与推流之间，污水和活性污泥的混合液在沟渠混合流动的同时，水中的溶解氧浓度从高向低变动，经历好氧与缺氧，在不同功能的微生物菌群有机地配合协作下，同时达到去除有机物、脱氮、除磷的目的。除磷脱氮氧化沟工艺的处理流程简单，基建费用和运行费用与传统活性污泥法相比增加不多，抗冲击负荷的能力强，处理效果稳定可靠，易于控制，可利用时间和空间来调整运行状况，实现多种工艺目标选择。在氧化沟工艺中，为了获得其独特的混合和处理效果，混合液必须以一定的流速在沟内循环流动。一般认为，最低流速为 $0.15m/s$，不发生沉淀的平均流速应达到 $0.3\sim0.5m/s$。常规的氧化沟工艺采用的曝气设备有曝气转刷和曝气转盘，转刷浸没深度为 $250\sim300mm$，转盘浸没深度为 $480\sim530mm$，与常规氧化沟水深（$3.0\sim3.6m$）相比，转刷仅占了水深的 $1/12\sim1/10$，转盘也只占了水深的 $1/7\sim1/6$，因此造成了氧化沟上部混合液流速较大（$0.8\sim1.2m/s$），而下部流速很小，导致沟内大量积泥，大大减小了有效容积，降低了处理效果。本工程 TN 去除率要求较高，氧化沟工艺无法满足该要求，且氧化沟土建费用高，故本工程不考虑采用该工艺。氧化沟工艺流程图如图 2.3-9 所示。活性污泥法工艺优缺点对比如表 2.3-2 所示。

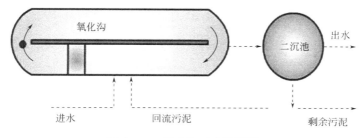

图 2.3-9　氧化沟工艺流程图

活性污泥法工艺优缺点对比　　　　　　　　　　　　　　　　　　表 2.3-2

序号	类型	优点	缺点	适用范围	备注
1	A/O工艺	效率高、流程简单、省投资、操作费用低、缺氧反硝化过程对污染物具有较高的降解效率、容积负荷高、缺氧/好氧工艺的耐负荷冲击能力强	由于没有独立的污泥回流系统，从而不能培养出具有独特功能的污泥，难降解物质的降解率较低，若要提高脱氮效率，必须加大内循环比，因而加大了运行费用	大、中、小型污水处理厂	
2	A²/O工艺	污染物去除效率高，运行稳定，有较好的耐冲击负荷，污泥沉降性能好，能同时具有去除有机物、脱氮、除磷的功能，工艺流程简单，总的水力停留时间也少于同类其他工艺	反应池容积比 A/O 脱氮工艺还要大，污泥内回流量大，能耗较高，用于中小型污水处理厂费用偏高，沼气回收利用经济效益差，污泥渗出液需化学除磷	大、中、小型污水处理厂	
3	多段多级A/O工艺	多段多级 A/O 工艺缺氧好氧交替排列，好氧池的混合液直接进入下一级 A/O 工艺的缺氧池，不必使用硝化液回流（内回流）设施，与 A²/O 工艺相比，这样能够减少很多电耗，可以在一定程度上降低运行成本。由于同时多段进水的优势，可对有机碳源进行充分利用，节省投入碳源的成本	管路系统复杂，且进水点多池形式布置困难，为实现理想的处理效果，需要增加很多自控仪表，对运行管路水平要求较高	大、中、小型污水处理厂	

序号	类型	优点	缺点	适用范围	备注
4	氧化沟工艺	流程简化,一般不需要设初沉池;氧化沟具有推流特性;操控灵活;净化程度高、耐冲击、运行稳定可靠、操作简单、运行管理方便、维修简单、投资少、能耗低	占地面积大;相关设备投资大,应用受到场地、设备等限制;污泥易沉积;对于 BOD 较小的水质完全没有处理能力;流速不均	中、小型污水处理厂	
5	SBR工艺	沉淀性能好;有机物去除效率高;提高难降解废水的处理效率;不需要二沉池和污泥回流,工艺简单;可以除磷脱氮,不需要新增反应器	对于单一 SBR 反应器的应用需要较大的调节池;对于多个 SBR 反应器进水和排水的阀门自动切换频繁;无法解决大型污水处理项目连续进水、连续出水的处理要求;设备的闲置率较高;污水提升水头损失较大	中、小型污水处理厂	
6	CASS工艺	工艺流程简单、占地面积小、投资较低、运转费用低;生化反应推动力大;沉淀效果好;运行灵活,抗冲击能力强;不易发生污泥膨胀;适用范围广,适合分期建设;污泥产量低,污泥性质稳定	微生物种群之间的复杂关系有待研究;生物脱氮效率难以提高;除磷效率难以提高;控制方式较为单一	大、中、小型污水处理厂	

（5）MBBR工艺

多段多级 A/O＋MBBR 工艺，对提高生物池生物量的措施而言，常用方法是提高反应池活性污泥浓度或投加生物填料、硅藻精土、粉末活性炭。其中，提高反应池活性污泥浓度可以通过调节运行参数的方式来实现，但这种情况增加的污泥浓度有限，并不能够保证稳定达到要求值，而向生物池投加硅藻精土适用于处理水量小于 10000m³/d 的小型污水处理厂，粉末活性炭主要应用于对染水、废水的处理或在进水中不可生物降解、不易被吸附的 COD 含量较高时采用，因此不适合本污水处理厂的提标。借鉴国内已经完成提标的部分污水处理厂的运行经验，投加悬浮填料（图 2.3-10）不失为提高生物量的最合理有效的方式。目前，采用的填料为聚乙烯及聚丙烯塑料，密度为 0.97g/cm³ 左右，填料的容积表面积大，可达 200～500m²/m³，这些漂浮的载体随反应器内混合液的回旋翻转作用而自由移动。

图 2.3-10 悬浮填料

生物填料的特点：

1）利于细胞分离。

2）反应器中可达到较高的细胞浓度。

3）通过优化载体体积特征，可以达到微生物最大活性。

4）提供了在同一反应器中同时固定不同种微生物的可能性。

5）处理效率高，耐冲击负荷，体积小，便于运行管理，困扰活性污泥法的污泥膨胀问题得以消除，可以维持较高的污泥龄，具有较高微生物量，水力停留时间短等。由于微生物被固定在载体上，硝化菌等增殖速度慢的微生物也可能生长繁殖。生物膜的生物相是相当丰富的，形成了由细菌、真菌等一系列微生物群体所组成的较为稳定的生态体系。向生物池中投加悬浮填料即借助了 MBBR 工艺的特点，在生物反应池中增加可挂膜的填料，反应器中的填料具有较高的比表面积，生物膜在填料内外表面都能大量生长。在好氧反应器中，通过曝气作用，推动填料随水流移动，在缺氧或厌氧反应器中，通过机械搅拌使填料移动。

MBBR 主要原理是污水连续经过装有移动填料的反应器时，在填料上形成生物膜，生物膜上微生物大量繁殖，起到净化水质的作用。生物膜表层生长的好氧和碱性微生物，在这里，有机污染物经微生物好氧代谢而降解，终产物是 H_2O、CO_2 等。由于氧在生物膜表层基本耗尽，生物膜内层的微生物处于厌氧状态，在这里，进行的是有机物的厌氧代谢，终产物为有机酸、乙醇、醛和 H_2S 等。由于微生物的不断繁殖，生物膜的不断增厚，超过一定厚度后，吸附的有机物在传递到生物膜内层的微生物以前，已被代谢掉。此时，内层微生物因得不到充分的营养而进入内源代谢，失去其黏附在填料上的性能，脱落下来随水流出好氧池，填料表面再重新长出新的生物膜。在多段多级 A/O 生物反应池好氧区内投加填料，采用 MBBR 技术增强了系统的硝化能力，加快硝化反应速率，使得硝化反应在有限的水力停留时间内反应完全，提高多段多级 A/O 生物反应池的 NH_3-N 去除效果。此外，悬浮生物填料在工程上的应用上还具有以下优势：

1）高效的脱碳能力：高浓度的生物菌群可获得很强的 COD 降解能力，COD 容积负荷达到 $6kg/m^3 \cdot d$；同时载体上丰富的生物菌群类型，增加了对难降解有机物的降解性能，因此系统的出水水质更好。

2）优越的硝化效果：世代时间较长的硝化菌优先附着在载体上，使硝化作用不受悬浮生长的固体停留时间的影响，硝化菌浓度高，因此硝化脱氮能力显著，氨氮去除率可以达到 98% 以上。

3）稳定的出水水质：高浓度的生物量使反应池内一直保持着较高的生物浓度，来水水质的波动可被迅速分解，确保出水水质稳定。

4）简捷的运行管理：生物膜技术不存在传统活性污泥法的污泥膨胀、污泥上浮以及污泥流失等问题，因此不必频繁地监控反应池污泥情况和变换运行参数，使日常的运行管理更简捷。

5）较少的占地面积：在获得相同处理能力和处理效果的条件下，该填料的增加可减少构筑物容积和占地面积的 33%～50%。

6）较少的剩余污泥产量：填料上的微生物污泥龄长，生物相多而且稳定，同时微生物自身氧化分解，故系统污泥产生量少，相应减少了污泥处理费用。

MBBR 工艺运转灵活性高，首先，可以采用各种池形（深浅方圆都可），而不影响工艺的处理效果；其次，可以很灵活地选择不同比表面积填料及不同填料填充率。当实际运行进水水质或水量发生变化时，只通过提高填料填充率，即可保证原设计生物池容不变的情况下，满足原设计或提标后出水标准。最后，MBBR 工艺可以方便地与原有工艺有机结合，形成活性污泥-生物膜复合工艺，传统调控活性污泥系统的监测及控制方法（例如控制排泥、曝气等）均可用于复合工艺的调控，可根据系统功能、运行状况灵活调整。适用于污水处理厂升级改造及立体扩容。

采用生物浮动床技术，在主反应区中投加填料后，反应池中还应增设拦截筛网，拦截筛网的孔径应略小于填料的直径，以防止填料流失，筛网的过水面积应足够大以保证过流阻力在设计允许的阻力限值以下，悬浮填料拦截系统如图 2.3-11 所示。

图 2.3-11 悬浮填料拦截系统

出水拦截筛网为平板式网状结构，筛网框架及加强结构采用不锈钢槽钢，框架与池体两边和底部用膨胀螺栓固定，以上材质均为 SUS304 不锈钢，保证有足够的强度、刚度和稳定性，整个结构安全可靠；结构应利于填料流化、不拥堵。钢管件应固定及加固，保证能承受填料、水流的冲击。

出水拦截筛网自清洗系统采用穿孔曝气管，穿孔曝气管安装于平板筛网上，通过强力曝气冲刷筛网面，保持网面清洁无堵塞，筛网自清洗曝气管连接到空气主管道上，通过设置阀门控制曝气冲刷强度，保证筛网在长期使用中不会出现堵塞现象，无需人工冲洗。

另外，在实际应用中由于处理池检修、清池等的需要，需将池内填料全部捞出池体或转移到其他处理池内。因填料颗粒相对较大，且其上附载生物膜，因而不能使用水泵提升分离填料。实际工程中，通常采用人工打捞方式，将填料捞出池体，再用水泵转移污水。而水池中填料数量相当大，通常投放填料占池容体积比的 10%～70%，打捞效率极低，而且水处理池中往往伴有沼气，危险性较大，人工打捞不安全。

颗粒状生物填料机械打捞装置，克服了现有技术的不足，提供一种结构简单，使用方便，打捞效率高的自动打捞技术，实现填料的快速自动打捞，节省了大量的时间、人力和财力投入。

综上所述，填料打捞分为人工打捞和机械打捞。由于污水处理厂处理水量较大，且填料填充体积过大，考虑到人工打捞工作难度大，而机械打捞省时省力又省财，因此，填料打捞建议采用机械打捞。

2.3.3 三级处理工艺

当污水经过二级处理后，出水仍不能满足排放要求时，或将污水再生利用。回用于工业及市政公用措施时，需要进一步降低水中的 COD_{Cr}、BOD_5、SS、TN、TP 等含量。以上处理功能及其流程在以往的工程概念中被泛称为污水深度处理，即三级处理。一般二级生物处理出水经过二沉池以后，SS 浓度很难保证达到 10mg/L 以下的标准。另外，在污水脱氮除磷工艺方案分析中也提到，由于脱氮除磷本身就是一个矛盾的过程，因此，在不能同时保证脱氮和除磷的两重效果情况下，生物处理单元优先考虑氮的去除，本工程二级生物处理采用多段多级 A/O 工艺，脱氮效率高，NH₃-N 和 TN 的去除是可以保证的。TP 和 SS 的去除则相对比较麻烦，尤其是 TP，单靠二级生物处理是很难达标的，因此，污水在二级生物处理的基础上必须增加深度处理工艺方能使 TP 和 SS 达标排放。

常用的污水深度处理方法可归纳为混凝沉淀过滤法、直接过滤法、微絮凝过滤法、高效沉淀法和接触氧化法。混凝沉淀过滤法、直接过滤法、微絮凝过滤法、高效沉淀法和接触氧化法均适用于污水深度处理。污水深度处理技术可去除的污染物如表 2.3-3 所示。

污水深度处理技术可去除污染物 表 2.3-3

深度处理技术	SS	浊度	BOD₅	COD$_{Cr}$	氨氮	TP	色度	嗅味	细菌
砂滤	√	√					√		√
微絮凝＋砂滤	√	√				√	√		√
混凝沉淀＋砂滤	√	√				√	√		√
高效沉淀池	√	√				√	√		
接触氧化法	√	√	√	√	√				√

城市污水处理厂二级生物处理出水进一步深度处理的工艺，根据不同的处理目标，比较典型的处理工艺流程有以下几种：

（1）污水处理厂二级处理出水→消毒→出水。

（2）污水处理厂二级处理出水→过滤→消毒→出水。

（3）污水处理厂二级处理出水→混凝→沉淀→过滤→消毒→出水。

（4）污水处理厂二级处理出水→高效沉淀→消毒→出水。

（5）污水处理厂二级处理出水→好氧滤池→活性炭吸附→出水。

（6）污水处理厂二级处理出水→好氧滤池→臭氧氧化→出水。

广义上的深度处理包括脱氮除磷、SS 和有机物的去除等。深度处理设计将取决于二级处理系统的工艺条件。一般在长泥龄、较完善的生化系统后，采用常规的深度处理工艺就能达到很好的处理效果；而在高负荷、短泥龄的二级生化处理后，深度处理需要较复杂的处理工艺才能达到期望的处理效果。

本工程二级处理已将大部分的 COD$_{Cr}$、BOD₅、TN、NH₃-N、TP 等去除，多数指标已达到《陕西省黄河流域污水综合排放标准》DB61/224—2018 城镇污水处理厂水污染物排放浓度标准，深度处理主要针对 SS，同时协同进一步去除水体中的 TP 及非溶解性有机污染物，因此，本工程采用高效沉淀法作为深度处理工艺。

下面介绍几种污水处理厂中常用的深度处理工艺。

1. 混凝沉淀工艺

混凝沉淀工艺去除的对象是污水中呈胶体和微小悬浮状态的有机和无机污染物，也可去除污水的色度和浊度。混凝沉淀还可以去除污水中的某些溶解性物质，以及氮、磷等。采用混凝沉淀法处理时，需要由混合、絮凝、沉淀三部分组成。目前混凝沉淀工艺使用较多的主要是高效沉淀池和磁混凝澄清池。

　　近年来，国外在混合、絮凝、沉淀三个基本工艺组成中进行改进优化，开发了新型高效沉淀池，并且已在实际工程中推广应用，且取得了良好的处理效果。这种沉淀池实际上是把混合、絮凝、沉淀更好地重新组合，混合、絮凝用机械方式，在工程中亦经常使用，沉淀常用斜管（板）装置，斜管（板）沉淀技术早在20世纪80年代污水处理中得到应用，而且至今一直正常工作。高效沉淀池工艺流程图见图2.3-12。

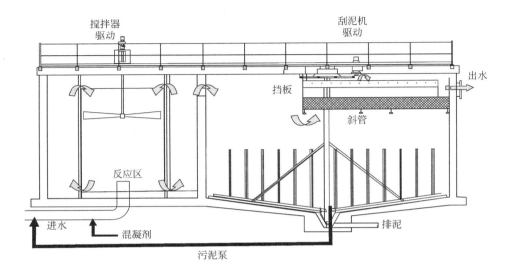

图 2.3-12　高效沉淀池工艺流程图

　　1）高效沉淀池工作原理

　　高效沉淀池由反应区和澄清区两部分组成。反应区包括混合反应区和推流反应区；澄清区包括入口预沉区、浓缩区及斜管沉淀区。在混合反应区内，靠搅拌器的提升混合作用完成泥渣、药剂、原水的快速凝聚反应，然后经叶轮提升至推流反应区进行慢速絮凝反应，结成较大的絮凝体。

　　整个反应区（混合和推流反应区）可获得大量高密度的矾花，这种高密度的矾花使得污泥在沉淀区的沉降速度较快，而不影响出水水质。在澄清区，矾花慢速地从预沉区进入到沉淀区使大部分矾花在预沉区沉淀，剩余矾花进入斜管沉淀区完成剩余矾花沉淀。矾花在沉淀区下部累积成污泥并浓缩，浓缩分为两层，一层位于排泥斗上部，经泵提升至反应池进水端以循环利用；另一层位于排泥斗下部，由泵排出进入污泥处理系统。

　　2）高效沉淀池构造

　　①反应区是本工艺的根本特色，在该区中进行物理-化学反应，或在其中进行其他特殊沉淀反应。反应区分为两个部分：一部分是快速混凝搅拌混合反应区，另一部分是慢速混凝推流式反应区。

　　（a）快速混凝搅拌混合反应区将原水（通常已经过预混凝）引入反应区底板的中央。一个叶轮位于中心稳流型的圆筒内。该叶轮的作用是使反应区内水流均匀混合，并为絮凝和聚合电解质的分配提供所需的动能。混合反应区中悬浮絮状或晶状固体颗粒的浓度保持在最佳状态，该状态取决于所采用的处理方式。通过来自污泥浓缩区的浓缩污泥的外部再循环系统使池中污泥浓度得以保障。

（b）慢速混凝推流式反应区是一个慢速絮凝区，其作用是连续不断地使矾花颗粒增大。因此，整个反应区（混合和推流式反应区）可获得大量高密度、均质的矾花，以达到最初设计的要求。沉淀区的速度应比其他系统的速度快得多，以获得高密度的矾花。

②预沉浓缩区矾花慢速地从一个大的预沉区进入澄清区，这样可避免损坏矾花或产生旋涡，使大量的悬浮固体颗粒在该区均匀沉积。矾花在澄清区下部汇集成污泥并浓缩。浓缩区分为两层：一层位于排泥斗上部，一层位于其下部。上层为再循环污泥的浓缩。污泥在这层的停留时间为几小时。然后排入排泥斗内。排泥斗上部的污泥入口处较大，无需开槽。为了更好地使污泥浓缩，刮泥机配有尖桩围栏。在某些特殊情况下（如：流速不同或负荷不同等），可调整再循环区的高度。由于高度的调整，必然会影响污泥停留时间及其浓度的变化。部分浓缩污泥自浓缩区用污泥泵排出，循环至反应区入口。下层是产生大量浓缩污泥的地方。采用污泥泵从预沉浓缩区的底部抽出剩余污泥，送至污泥脱水间或现有的可接纳高浓度泥水的排水管网或排污管、渠等。

③逆流式斜管沉淀区将剩余的矾花沉淀。通过固定在清水收集槽下侧的纵向板进行水力分布。这些板有效地将斜管分为独立的几组以提高水流均匀分配。不必使用任何优先渠道，使反应沉淀可在最佳状态下完成。澄清水由一个集水槽系统回收。絮凝物堆积在澄清池的下部，形成的污泥也在这部分区域浓缩。通过刮泥机将污泥收集起来，循环至反应池入口处，剩余污泥排放。

3）高效沉淀池特点

由于混合、絮凝和斜管沉淀组合合理，使高效沉淀池具有以下特点：

①水力负荷高，沉淀区表面负荷为 $20\sim25m^3/m^2 \cdot hr$，大大超过常规沉淀池的表面负荷。

②污染物去除率高，COD_{Cr}、BOD_5 和 SS 的去除率分别可达到 60%、60% 和 85%，磷的去除率可高达 90%。

③由于加强了反应池内部循环并增加了外部污泥循环，提高了分子间相互接触的概率，使絮凝剂在循环中得到充分利用，减少了药剂投加量的 $10\%\sim30\%$，降低了运行成本。

④在沉淀区分离出的污泥在浓缩区进行浓缩，提高了污泥的含水率，使污泥含水率达到 98%。

2. 滤池工艺

滤池过滤的主要作用是去除生物过程和化学澄清中未能沉降的颗粒和胶状物质；增加悬浮固体、浊度、磷、BOD_5、COD_{Cr}、重金属、细菌、病毒等指标的去除效率；增进消毒效率，降低消毒剂用量；使后续吸附装置免于堵塞，提高吸附效率。

滤池工艺是保证出水水质的重要环节，而影响过滤处理效果的主要因素是滤料级配的选择以及为保证滤料清洁所采用的冲洗方式。

滤池类型很多，传统的有普通快滤池、双阀滤池、无阀滤池和单阀滤池、虹吸滤池、移动冲洗罩滤池、V 形滤池等形式，但这些形式多用在给水处理。近年来，国内外在传统过滤工艺的基础上发展形成了多种更适用于污水处理的滤池，主要包括连续流砂滤池、高效纤维滤池、滤布滤池和反硝化深床滤池等。这些滤池具有土建造价低、施工简便、建设周期短、技术先进和处理效果稳定等特点，在国内外的工程实践中已得到越来越广泛的应用。

反硝化深床滤池与深床滤池的结构形式完全一样，可以相互切换运行，反硝化深床滤池是深床滤池的一种运行模式。深床滤池工艺流程图如图 2.3-13 所示、反硝化深床滤池工艺流程图如图 2.3-14 所示。

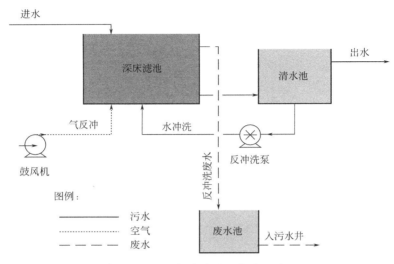

图 2.3-13　深床滤池工艺流程图

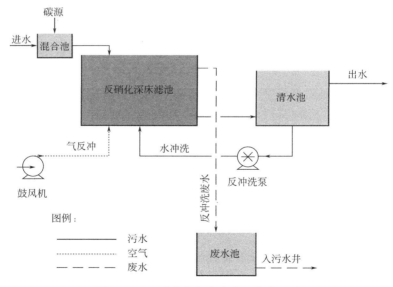

图 2.3-14　反硝化深床滤池工艺流程图

反硝化深床滤池是集生物脱氮及过滤功能合二为一的处理单元，是国际领先的脱氮及过滤并举的先进处理工艺。近 40 年来反硝化深床滤池在全世界有数百个系统在正常运行着，在我国最早是在合肥市王小郢污水处理厂中应用，并达到预期目标。

反硝化深床滤池为降流式填充床后缺氧脱氮滤池，由滤池本体、滤料、反冲洗系统、自控系统等组成。采用 2～4mm 石英砂作为反硝化生物的挂膜介质，生物膜量较大，可达 20～50g/L。在保证碳源的条件下，出水 TN 浓度可小于 5mg/L。另外滤层深度较深，一般为 1.83～2.44m，该深度足以避免窜流或穿透现象，即使前段处理工艺发生污泥膨胀或异常情况也不会使滤床发生水力穿透。介质有极好地抗阻塞能力，在反冲洗周期区间，每平方米过滤面积能保证截留≥7.3kg 的固体悬浮物不阻塞。固体物负荷高的特性大大延长了滤池过滤周期，减少了反冲洗次数，并能轻松应对峰值流量或处理厂污泥膨胀等异常情况。由于固体物负荷高、床体深，因此需要高强度的反冲洗。

反硝化深床滤池采用气、水协同进行反冲洗。反冲洗污水一般返回到前段生物处理单元。由于滤床固体物高负荷的截留性能，反冲洗用水不超过处理厂水量的 4%，通常 <2%。反硝化深床滤池是兼顾过滤、微絮凝以及反硝化功能为一体的深度处理工艺，主要目的为去除 SS、TP 以及 TN，目前，大连开发区中水回用、嘉兴港区微污染水源生物预处理、山西潞城再生水工程、无锡惠山污水处理厂三期工程、全国十佳污水处理厂第一名的无锡芦村污水处理厂四期工程、天津泰达污水处理厂工程以及上海金山污水处理厂工程等均采用了深床滤池工艺。出水水质不仅可以稳定达到《城镇污水处理厂污染物排放标准》GB 18918—2002 一级 A 标准，运行情况良好，还可达到和超过"5-5-3-1"（BOD_5 浓度≤5mg/L；TSS 浓度≤5mg/L；TN 浓度≤3mg/L；TP 浓度≤1mg/L），为未来更为严格的排放标准预留下扩展的空间，整体投资将大大减少。

去除 TN：利用适量优质碳源，附着生长在石英砂表面上的反硝化细菌把 NO_x-N 转换成 N_2 完成脱氮反应过程，经过多个工程经验和数年的历史数据表明，在前端硝化反应较完全的情况下，深床滤池可稳定做到出水 TN 浓度≤10mg/L。在反硝化过程中，由于硝酸氮不断被还原为氮气，深床滤池中会逐渐集聚大量的氮气，一方面这些气体会使污水绕窜介质之间，这样增强了微生物与水流的接触，同时也降低了出水中的 BOD_5 和 COD_{Cr} 浓度。另外，出水中固体悬浮物含有氮、磷及其他重金属物质，去除固体悬浮物通常能降低部分上述杂质，配合适当的化学处理和前端混凝沉淀，能使出水总磷浓度稳定降至 0.3mg/L 以下。反硝化深床滤池能轻松满足 SS 浓度不大于 8mg/L（通常 SS 浓度为 5mg/L）的要求。

去除 TP：微絮凝直接过滤除磷，世界上应用微絮凝直接过滤技术历史最长和最成熟的即深床滤池技术，是省去沉淀过程而将混凝反应与过滤过程在滤池内同步完成的一种接触絮凝过滤工艺技术。反硝化深床滤池可与化学除磷工艺结合，在滤池进水前端设置快速混合池，加药快速混合后在深层滤料中进行接触凝聚和絮凝，最终由滤床过滤去除污水中含的磷，可替代混凝沉淀池的作用。为了确保出水效果，反硝化深床滤池在 TP 浓度不大于 0.5mg/L 的情况下，通过微絮凝配合二级过滤出水 TP 浓度可低于 0.3mg/L。微絮凝过滤充分体现了深层滤料中的接触凝聚或絮凝作用。它实际是在混凝、过滤作用机理深入研究的基础上，将混凝与过滤过程有机集成一体，形成了当今水处理的高新技术系统。在污水深度处理方面具有较高的推广价值。也提高了过滤效率。但是当池体内积聚过多的氮气气泡时，则会造成水头损失，这时就必须驱散氮气，恢复水头，每次持续 2min 左右。

去除 SS：通常每 mg 的 SS 中含 BOD_5 为 0.4～0.5mg，因此在去除固体悬浮物的同时，也降低了出水中 BOD_5 和 COD_{Cr} 的浓度。另外，出水中固体悬浮物含有氮、磷及其他重金属物质，去除固体悬浮物通常能降低部分上述杂质，配合适当的化学处理和前端混凝沉淀，能使出水总磷稳定降至 0.3mg/L 以下。反硝化深床滤池能轻松满足 SS 浓度不大于 8mg/L（通常 SS 浓度为 5mg/L）的要求。

3. 化学除磷药剂

磷的化学沉淀是通过投加多价金属离子盐来产生微溶磷酸盐沉淀物完成的。使用最普遍的多价金属离子有钙（Ca^{2+}）、铝（Al^{3+}）和铁（Fe^{3+}）。由于钙盐往往导致废水 pH 值的升高和污泥量大增，一般很少采用投加钙盐的方法，因此只介绍投加铝盐和铁盐的化学沉淀除磷。

（1）用铝盐使磷酸盐沉淀的化学反应

废水中投加铝盐使磷酸盐沉淀的基本化学反应式为：

$$Al^{3+} + H_nPO_4（3-n）= AlPO_4 \downarrow + nH^+$$

（2）用铁盐使磷酸盐沉淀的化学反应

废水中投加铁盐使磷酸盐沉淀的基本化学反应式为：

$$Fe^{3+} + H_nPO_4（3-n）= FePO_4 \downarrow + nH^+$$

可见，铁盐和铝盐均能与磷酸根离子作用生成难溶性的沉淀物，通过去除这些难溶性沉淀物去除水中的磷。

化学除磷会导致污泥量增加，不仅要考虑沉淀剂与磷酸根和氢氧根结合生成的干泥量，还要考虑附带的其他沉淀物。

常用于化学除磷的铝盐有硫酸铝、聚合铝。与硫酸铝比较，聚合铝投药量比硫酸铝低，适宜的 pH 范围较宽，对设备的侵蚀作用小，且处理后水的 pH 和碱性下降较小。常用于化学除磷的铁盐有三氯化铁、氯化亚铁和硫酸亚铁。采用亚铁盐需先氧化成铁盐后才能取得最大的除磷效果，一般不作为后置投加和滤前（后）投加的混凝剂。三氯化铁适宜的 pH 范围也较宽，用量一般比铝盐少，但缺点是具有强腐蚀性，对金属腐蚀性极大，对混凝土也有腐蚀性，因此调制和加药设备必须考虑用耐腐蚀器材。根据以上药剂投加点和混凝剂特点的分析，本工程混凝剂采用净化效率高，耗药量较少，适用 pH 范围宽，水温适应性强，设备简单，使用时操作简便，腐蚀性小的聚合氯化铝。

4. 消毒工艺

本工程要求出水大肠菌群数不超过 1000 个/L，为达到所需的排放标准，必须对尾水进行消毒。

消毒方法大体可分为两类：物理方法和化学方法。物理方法主要有加热、冷冻、辐照、紫外线和微波消毒等方法。消毒方法本节将着重介绍在污水处理工程中得到广泛应用的液氯、二氧化氯、臭氧消毒技术和紫外线消毒技术。

（1）液氯消毒

氯作为一种强氧化性消毒剂，由于其杀菌能力强，价格低廉，使用简单，是目前污水消毒中应用最广泛的消毒剂，已经积累了大量的实践经验。氯气消毒具有以下缺点：1）氯会与水中腐殖酸类物质反应形成致癌的卤代烃（THMs）；2）氯会与酚类反应形成有怪味的氯酚；3）氯与水中的氨反应形成消毒效力低的氯胺，而且排入水体后对鱼类有危害；4）氯在 pH 值较高时，消毒效力大幅度下降；5）氯长期使用会引起某些微生物的抗曲线性。

（2）二氧化氯消毒

与氯不同，二氧化氯的一个重要特点是在碱性条件下，仍具有很好的杀菌能力。由于二氧化氯不会与氨反应，因此在高 pH 值含氨的系统中可发挥极好的杀菌作用。而且二氧化氯对藻类也具有很好的杀灭作用。

二氧化氯与腐殖酸、富里酸和灰黄素作用都不会生成三氯甲烷，主要生成苯多羧酸、二元脂肪酸、羧苯基二羟乙酸、一元脂肪酸四类氧化产物，它们的突变性比较低。应用二氧化氯消毒也存在一些问题，加入水中的二氧化氯由 $50\%\sim70\%$ 转变为 ClO_2^-、ClO_3^-，使用二氧化氯消毒水有特殊的气味。据调查，这是由于从水中逸出的二氧化氯与空气中的有机物反应所致。

（3）臭氧消毒

臭氧是一种强氧化剂，灭菌过程属生物化学氧化反应。O_3 灭菌有以下 3 种形式：

1）臭氧能氧化分解细菌内部葡萄糖所需的酶，使细菌灭活死亡。

2）直接与细菌、病毒作用，破坏它们的细胞器和 DNA、RNA，使细菌的新陈代谢受到破坏，导致细菌死亡。

3）透过细胞膜组织，侵入细胞内，作用于外膜的脂蛋白和内部的脂多糖，使细菌发生通透性畸变而溶解死亡。

臭氧不仅具有灭菌的功效，且对污水中的色度也有很好的除去效果。

（4）紫外线消毒

紫外线消毒，具有消毒快捷，不污染水质等优点。

但其应用具有一定局限性，受色度、浊度等的影响而降低杀菌效果。紫外线消毒时，还会出现微生物的光复活现象，石英套管表面结垢也是在运行时存在的问题，会降低紫外线的穿透能力，从而大大地降低杀菌效果。几种常见的消毒方法的比较见表 2.3-4。

几种常见的消毒方法的比较 表 2.3-4

项目	次氯酸钠	二氧化氯	紫外线	臭氧
杀菌有效性	强	强	强	最强
接触时间	$10\sim30$min	$10\sim30$min	$10\sim100$s	$5\sim10$min
效能:对细菌、对病毒、对芽孢	有效、部分有效、无效	有效、部分有效、无效	有效、部分有效、无效	有效、有效、有效
设备投资	最低	比液氯高,比其他方法低许多	比臭氧高	液氯的 5 倍
运行费用	最低	比液氯高,比其他方法稍低	与臭氧类似	比液氯高
优点	1. 低廉; 2. 技术成熟; 3. 有保护性余氯; 4. 有持续杀菌的能力	1. 低廉; 2. 可现场制造,技术成熟; 3. 有持续杀菌的能力; 4. 使用安全可靠,有定型产品	1. 杀菌效应快,无化学药剂; 2. 无二次污染	1. 除臭味快; 2. 广谱杀菌消毒,消毒效率是氯的 15 倍; 3. 无二次污染

续表

项目	次氯酸钠	二氧化氯	紫外线	臭氧
缺点	1. 不宜存储； 2. 大规模污水处理厂须现场制备，维修管道要求较高	须现场制备，维修管道要求较高	1. 价格贵； 2. 无持续的杀菌能力； 3. 对水的前处理要求高； 4. 穿透力弱	1. 价格贵； 2. 无持续的杀菌能力； 3. 安全要求高
适合类型	所有类型的污水处理厂	中、小型污水处理厂	适用于所有类型污水处理厂	1. 适合所有场合水的处理杀菌和消毒； 2. 空气消毒

通过对以上几种污水消毒方法的介绍和分析讨论，均能满足出水消毒，但从实际运行来讲紫外消毒无延续性、臭氧消毒运行成本较高、二氧化氯消毒现场制备危险性较高，因此选用安全性较高的次氯酸钠消毒更适合本工程。

2.3.4 污泥处理工艺

根据污水处理工艺，污泥含水率一般为 99.4%～99.7%，是整个污水处理厂所产生污泥的主体，污泥含水率高，需减量处理。污泥处理工艺流程图如图 2.3-15 所示。

图 2.3-15 污泥处理工艺流程图

污泥若采用硝化处理，需增加硝化池、加热、搅拌以及沼气处理利用等一系列构筑物及设备，增加投资。由于本污水处理厂污泥龄较长，污泥性质较为稳定，可不进行硝化处理。因此，推荐本工程污泥进行污泥浓缩、污泥脱水。

1. 污泥浓缩

污泥浓缩一般有重力浓缩和机械浓缩。重力浓缩能耗低，运行稳定、污泥含水率较低、管理方便，占地面积相对较大；机械浓缩占地相对较少，但能耗高，设备多，故障率高。目前二厂污泥处理采用机械浓缩、离心脱水工艺，根据现场调研，二厂污泥脱水设备运行良好，尚能使用，因此本工程污泥浓缩仍选用机械浓缩，由于设备老旧，经核算，本次需新增污泥浓缩机 3 套。

2. 污泥脱水

本工程设计污泥出泥含水率低于 60%，常规污泥处置方法主要有自然干化、热力干化、高干脱水等。自然干化是指将污泥摊铺晾晒于具有自然滤层或人工滤层的干化场中，借助自然力和介质（如太阳能、风能和空气），使得污泥中的水分因周边空气蒸汽压的不同而形成从内向外的迁移（蒸发），自然干化的周期长（根据气候条件差异极大），可以采用频繁机械搅拌和翻倒工艺的强化自然干化来缩短周期；但占地面积大，存在臭气污染严重等问题，因此不予推荐。污泥的大规模、工业化处理工艺中最常见的是热力干化；事实上，通常人们所讨论的"干化"多数是指热力干化；热力干化是指利用燃烧化石燃料所产生的热量或工业余热、废热，通过专门的工艺和设备，使污泥失去部分或大部分水分的过程；这一过程具有处理时间短、占用场地小、处理能力大、减量率高、卫生化程度高、外部因素影响小（如气候、污泥性质等）等优点。高干脱水一般是指采用化学和物理的综合方法对污泥颗粒进行表面化学改性，使其颗粒表面的水和毛细孔道中的束缚水成为自由水，然后通过高强度机械压滤析出达到高干的目的。本节就分别对最有代表性的厢式隔膜压滤机及涡流薄层干化设备进行论述，选择适合的工艺。

（1）板框压滤机

板框压滤机是间歇操作的加压过滤设备，以过滤形式进行固体与液体的分离，是对物料适应性较广的一种大、中型分离机械设备。

板框压滤机对进泥含固率要求较低，一般低于3％即可，出泥含固率高于带式压滤机和离心脱水机。运行过程是周期性地泵入污泥压滤和脱除泥饼的间歇过程，其缺点是不能连续操作，视滤板堵塞情况，需在一定的运行周期后冲洗滤布一次，滤板或橡胶隔膜易损坏，经常需要更换，且设备体型庞大，价格高。厢式隔膜压滤机处理工艺流程图如图2.3-16所示。

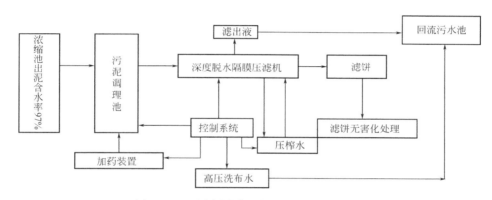

图2.3-16　厢式隔膜压滤机处理工艺流程图

具体流程如下：浓缩后含水率97％以下污泥→污泥调理池（加药装置）→高低压污泥进料泵→高压隔膜压滤机→高压隔膜压榨→反吹风→含水率50％～60％污泥→无害化及资源化处理。

（2）涡流薄层干化设备

脱水污泥进入衬套内有280～300℃导热油（或蒸汽）处理器，使反应壁对污泥进行均匀的加热，干燥系统的回路内循环有120℃以上的工艺气体，这部分气体主要是水蒸气。与圆柱形反应器同轴的转子的不同位置装配有不同曲线的桨叶，含水污泥在并流循环的热工艺气体带动下，被高速旋转的转子带动，形成涡流，在反应器内壁上形成一层物料薄层，该薄层以一定的速率从反应器一侧移向另外一侧，从而完成接触、反应、干燥。

本工程污泥处理工艺为：机械浓缩＋化学调理＋板框压滤机工艺。最终污泥含水率≤60％。

3

污水处理厂土建工程施工技术

3.1 深基坑工程

1. 工程概况

(1) 项目概况：新建乐天大街初期雨水调蓄池，调蓄容积为 28900m³。拟建调蓄池位于乐天大街与滨河大道交汇处，场地地处洒河左岸一级阶地，地形较开阔平坦，呈东北高西南低趋势，地面高程为 347.480～353.890m，场地南侧边缘离沈河仅有 100 多米。拟建场地形状呈不规则多边形。

(2) 基坑概况：本基坑开挖平面尺寸为 128.8m×73.6m，地基处理方案拟采用换填处理，场地整平标高为 348.000～351.000m（绝对标高），基坑开挖深度为 13.32～17.55m。截流井段基坑尺寸为 23m×33m，深度为 7.0m。地下水相应高程为 338.010～339.650m，地下水位变幅为 2.0m，基坑底标高为 333.650m，基坑降水至基底以下 0.5m 考虑，则基坑降水降深 6.5～8.5m。

(3) 周边环境：调蓄池基坑东侧为空地。南侧临现状道路，最近处为 5m，存有一根高压电线杆距支护桩的距离为 1m，采用桩（墩）基础，桩（墩）径为 1700mm。南侧距离沈河国家湿地公园的距离为 20m；西侧邻滨河大道桥，较空旷，现状合流管道 $DN2000$，中心离基坑壁距离 7.8m，内底标高为 342.300m（基坑设计地面以西为 5.7m）；北侧 A-B 剖面段较空旷，有 $DN1800$ 截污干管与基坑侧壁平面上斜交，最近处距离基坑侧壁的距离为 5.1m，B-C 剖面段临市政管道，$DN900$ 中水管与基坑侧壁基本平行，现场物探表明：竖向管顶离现状地面的距离为 1.6m，离支护桩水平距离最小为 0.2m；拟建场地现为荒地，整体开阔、地势较平坦，局部地段有较多堆土，成分主要为建筑垃圾及填土。

2. 基坑支护及地下水控制

(1) 基坑支护：基坑采用单排桩＋高压旋喷锚索支护体系，根据不同基坑深度和周边环境，进行分段设计。截流井段基坑待主基坑回填后进行放坡开挖；邻近主基坑南侧高压电线杆采用高压旋喷桩及竖撑、拉索的加固措施。

(2) 地下水控制：采用坑外降水＋坑内明排方式。在坑外设置降水井，辅以坑内疏干井、排水沟及集水坑（井）等综合降排水措施，在靠湿地公园侧设置备用降水井。

3.1.1　深基坑降排水

3.1.1.1　集水明排

1. 工艺流程

定位放线→土方分层开挖→在基坑周围开挖集水井→开挖排水渠→对排水渠利用卵石铺设，设置为盲沟→计算基坑涌水量，选择适合的水泵→基坑外设置截水渠→利用水泵将地下水排出基坑范围。

2. 操作重点

（1）本工艺适合用于黏性土或砂土地层，降水深度小于 2m 的地表水地域。

（2）沿基坑四周坡脚设置排水沟，沟底坡度为 3.0%，沿排水沟约 30m 设置一个集水坑。

（3）在坑内出水量相对较大的位置，设置集水井，具体布设根据现场实际适当调整。

（4）排水渠可挖成土沟，也可用砖砌；集水井壁可砌干砖，或用木板、竹片、混凝土管支撑加固；当基坑挖至设计标高时，集水井底宜铺约 0.3m 厚的碎石滤层。

（5）排水设施宜采纳潜水泵、离心泵或污水泵，水泵的选型可依据排水量大小及基坑深度采纳。

（6）当基坑深度较大，地下水位较高且多层土中上部有透水性较强的土层时，可在边坡高度不一样的分段的平台上设置多层明沟，分层清除上部土层中的地下水（即分层明沟排水法）。

3. 质量要求

（1）排水渠坡度应切合方案计算要求，误差不得超出 2%。坑内不得积水，并保持沟内排水通畅。

（2）集水明排抽出的水应适合引离基坑，以防倒流或渗回基坑内，并经积淀后再排入市政排水系统等；此外为防止地表水流入基坑内，应沿基坑顶周围设截水渠，把地表水、施工用水等引离基坑。

（3）明沟排水法宜用于粗粒土层和渗水量小的黏性土，当土层为细砂和粉砂时，溢出的和抽出的地下水均会带走细粒而发生流砂现象，致使边坡坍塌、坑底涌砂，难以施工，此时应改用人工降低地下水位的方法。

（4）基坑内不同深度的基底临时过渡坡面应采用塑料布或防水土工布覆盖，防止雨水冲刷。

（5）在土方开挖后，应保持地下水位在基坑底 50cm 以下，防备地下水扰动基底土。

（6）遇暴雨时，尚未喷护的裸露坡面宜采用塑料布或防水土工布覆盖，防止雨水冲刷基坑边坡，造成塌方。

3.1.1.2　管井井点降水

（1）降水井施工工序如下：

降水井位测量及布设→钻井→换浆→下放滤水管→填下砾料→洗井→下放潜水泵→设置排水管线→联动抽水。

首先开始降水井施工，一边成井，一边洗井，并同时开始下泵临时抽水，当排水管线安装完毕后，由排水管线向外排出。

（2）为保证其质量、安全要求，降水施工除必须满足上述要求外，还应达到以下要求：

1）降水井井身直径须达到设计直径，施工过程中应采取措施，不允许井壁有较大的塌孔。

2）井的深度应不超过设计井深的 $\pm2\%$。

3）井管必须直立，上端保持水平，井管偏斜度不得超过 $1°$。

4）井管安装完毕后，立即填滤料，滤料规格必须符合设计要求，并保证充盈系数 $\geqslant1.0$。

5）井管的选择及包裹按设计要求，必须与地层情况相符，并连接牢固稳妥。

6）地面排水管线必须符合设计排水量的要求，其铺设不得影响其他工作的进行，并不得发生渗漏现象。

7）抽排水使用潜水泵，必须试运转后方可下入井内。

8）电气线路安装前应对所使用的电箱电线进行绝缘测试，电箱电线负荷必须和泵匹配。

9）电气管线必须套管埋入地表面下 300mm 或沿围墙架设，不得随地拉线。

（3）坚持单井验收签证，验收按照统一标准进行。没有监理工程师签证，机组不得迁移至新井位。验收时特别应满足抽水大于 4h，基本稳定出水量大于 $400m^3/d$，井内沉渣小于 0.2m。

（4）降水施工完毕后，根据结构施工情况和土方回填进度，陆续关闭降水井。

（5）做好降水井施工记录，按时测定渗水量、含砂量及地下水位变化。当含砂量较大时，应停止抽水，找出原因，防止大量抽砂，破坏地层结构。

（6）本基坑工程降水应由专业降水单位施工，施工前应做降水施工方案。

（7）在基坑顶部四周 2m 范围处，做挡水墙，防止坑外水灌入基坑。

（8）由于本工程地下水水位受雨季变幅影响，降水施工前应通过降水观测井确定地下水位，做好施工组织安排，施工所用滤管、水泵等其他材料，需要按实际增补，避免材料购买过多，造成浪费。

（9）施工结束后，降水井封井回填处理：下部用 10～20mm 碎石填实，上部 2m 范围采用 C20 素混凝土回填。

（10）位于主体结构下方的疏干井布设应结合主体结构图纸，避开梁、柱、后浇带等重要节点。具体要求如下：

1）基坑周边距坡顶上口线 2m 外布设 26 口降水井，间距为 15m。管井长度 35m（井顶标高以 348.000m 起算），施工时控制井底标高为 313.000m 为准，为避免管井位置影响锚索施工，应将观测井布设在支护桩正后方，并对每个井的位置做好坐标记录，以便锚索施工时规避。地下水水位标高应控制在基坑底标高 0.5m 以下。考虑分区块施工、坑内疏干需要，在基坑内部设置 14 口疏干井，疏干井具体位置可由施工单位根据分区施工部署设置，要求避开基础梁、柱等节点。在基坑靠河侧，设置 8 口备用井，间距为 15m。视坑内降水效果情况开启。

2）管井采用机械成孔，可采用正、反循环回转钻进，泥浆护壁工艺。

3）井管安装后必须洗井，保持滤网通畅；洗井采用空压机-水泵相结合的方法，反复进行，平均单井洗井 8h，直到满足洗井后抽出的水中含砂量不得大于五万分之一的要求。管井若采用泥浆护壁成孔，为避免泥浆堵塞管井，影响降水效果，应重视洗井工作。要求在井成孔完成后，1h 内必须洗井。需要注意的是，泥浆停留时间太长，会形成泥皮影响透水性，会直接影响井的出水量，影响降水效果。施工过程中亦应采取有效措施，严格避免泥浆滞留在井内。

4）管井静水位以上选用混凝土水管，静水位以下选用无砂混凝土滤水管，内径须大于水泵直径，并有一定操作间隙，以确保潜水泵检修，管外应包一层 60 目的滤网。管井下端用直径为 10mm、厚度为 10cm 中心开孔的预制混凝土底座封底，或采取其他有效的封底措施。

5）井管安放时应在管身设置有效的找中措施，确保井管垂直、居中安放；下管结束后，应立即在管壁与孔壁之间进行填滤料，围填时应慢慢用铁锹从四周填入，并用钢筋捣实，防止中间出现漏空现象，滤料规格宜采用直径为 3～5mm 磨圆度较好的砾石。

6）洗井结束后，采用水泵进行试抽水试验，根据试验结果确定泵型。

7）为了确保管井正常有效地工作，成孔深度务必达到设计要求。降水过程中应做好水位观测及记录。

8）根据水位观测情况，依据土方开挖进度必要时在坑内设置若干疏干井，疏干井施工需依据主体结构基础底面图纸，避开基础梁、柱等关键节点。实际降水周期根据施工进度确定。

坑内疏干井降水至筏板浇筑前，视基底开挖后具体情况，可在后浇带附近保留部分疏干井，待后浇带浇筑后封井。

9）降水开始时间应满足土方开挖施工需求，场地存在黏性土等弱透水性土层，必要时应尽早开始降水；降水停止时间由施工单位根据现场实际情况请设计复核，满足施工及主体结构抗浮要求后应尽早停止。

沿基坑四周坡顶设置排水管，合理位置设置沉砂池，抽水采用潜水泵，通过排水管使坑内排水进入沉砂池，过滤沉淀后可作为施工临时用水，尽可能确保基坑工作面内无水作业。

沉砂池内尺寸为 3.0m（长）×1.5m（宽）×1.5m（高），采用砖墙砌筑、M10 水泥砂浆抹面，亦可采用钢板焊制。施工时应明确井内抽水的坑外排泄位置，并确定排水管的布设及排泄方向。

降水井结构示意图如图 3.1-1 所示。

3.1.1.3　基坑四周挡水墙

挡水墙施工工艺流程如下：

砖浇水→砂浆搅拌→排砖摆底→砌筑挡土墙→抹灰→验收。

（1）砖浇水：砖应在砌筑前一天浇水湿润，一般以水浸入砖四边 15mm 为宜，含水率为 10％～15％，常温施工不得用干砖上墙，不得使用含水率达到饱和状态的砖砌墙。

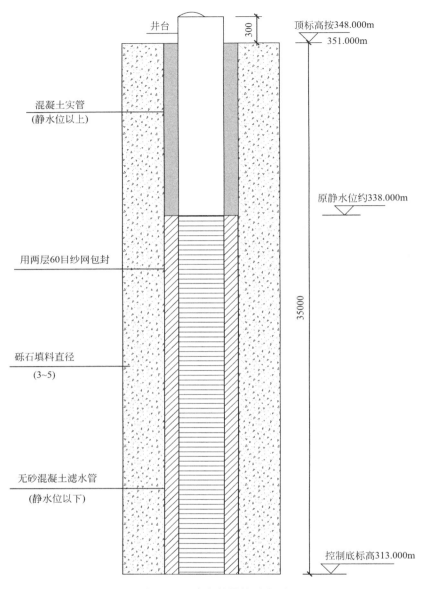

井台

300

顶标高按348.000m
351.000m

混凝土实管
(静水位以上)

原静水位约338.000m

用两层60目纱网包封

35000

砾石填料直径
(3~5)

无砂混凝土滤水管
(静水位以下)

控制底标高313.000m

图 3.1-1　降水井结构示意图

（2）砂浆搅拌要求如下：

1）水泥砂浆应采用机械搅拌，先倒砂子、水泥、掺合料，最后倒水。搅拌时间不少于 2min。水泥粉煤灰砂浆和掺用外加剂的砂浆搅拌时间不得少于 3min，掺用有机塑化剂的砂浆搅拌时间应为 3～5min。

2）砂浆应随拌随用，水泥砂浆和水泥混合砂浆必须在拌成后 3～4h 内使用完毕。超过上述时间的砂浆，不得使用，并不得再次拌和后使用。

（3）墙体砌筑一般采用一顺一丁（满丁、满条）排砖法，砌筑时，必须里外咬槎或留踏步槎，上下层错缝，应采用"三一"砌砖法（即一铲灰、一块砖、一挤揉）。

（4）墙体砌筑完毕后墙外侧用水泥砂浆抹灰 20mm。

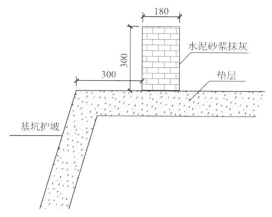

图 3.1-2　挡水墙示意图

3.1.2　深基坑开挖及支护

3.1.2.1　基坑开挖施工工艺流程

基坑开挖施工工艺流程图如图 3.1-3 所示。

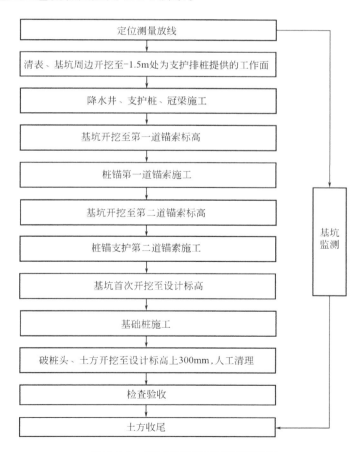

图 3.1-3　基坑开挖施工工艺流程图

3.1.2.2 基坑开挖施工方法及要点

1. 定位测量放线

（1）为满足工程施工特点，该工程的平面控制网按照"先整体后局部，高精度控制低精度"的原则，由高到低设置四等控制网，各级控制网相互衔接，统一为整体系统。

（2）以业主提供的高程水准点为基准，在场地建立高程控制网，向基坑内引测标高时，首先联测高程控制网的基准点，经联测确认无误后，方可向基坑内引测所需的标高。

（3）根据总平面定位图及现场场地实际情况，建立首级平面控制网。对该控制网点进行观测比较，并及时对破坏的控制点进行修复。

2. 土方开挖

（1）根据土方开挖图纸，将土方按顺序分成7层开挖，每层开挖深度为2m，开挖顺序为：由西向东采用反铲挖土机平行后退挖土至出口，侧向向两侧的自卸车装土，直至分层开挖完成，最后开挖临时坡道。土方分段开挖平面示意图如图3.1-4所示。

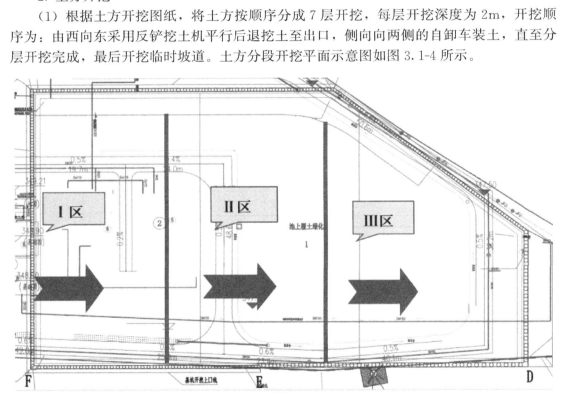

图 3.1-4　土方分段开挖平面示意图

（2）清表至支护桩施工工作面，进行第一层开挖区域内支护桩及冠梁施工，支护桩、冠梁养护达到设计强度的75%后继续进行第二层开挖；第二层开挖至第一道锚索标高后，进行第一道预应力锚索、腰梁及桩间土挂网喷面施工，当预应力锚索支护结构施加预应力（桩身达到设计强度）后进行第三层土方开挖；当开挖至第二道锚索标高处，进行第二道预应力锚索、腰梁及桩间土挂网喷面施工，当预应力锚索支护结构施加预应力后进行第四层土方开挖；依次施工作业，当开挖至首次设计标高，进行桩间土挂网及面层混凝土喷射。

（3）基坑开挖应竖向分层、对称平衡开挖。开挖时应先挖基坑中间的土，再挖基坑两边的土，扩至基坑边线。按此顺序进行交替施工，直至坑底。图纸设计中已明确，基坑边2m不得堆载。

（4）机械挖至坑底时应放慢速度，预留30cm土层，人工配合清底修平，以防止机械挖土扰动原土层及超挖。

（5）开挖过程中，设专人配合挖土司机，控制挖土走向和深度。测量人员要跟随控制边坡宽度、槽底边线及开挖深度，并指导工人进行修坡、清底。清底时要严格按标高清土，不得少挖、超挖。如有少量超挖，用垫层混凝土找平。

（6）开挖过程中，必须保护好定位桩、轴线引桩、标准水准点。并应测量和校核基坑平面位置、标高和边坡是否符合要求。

（7）按照基础底板分区分块的组织安排，我们拟采用分区分块的方式进行清理，清理完毕并经验槽合格后，应立即进行垫层的施工，对基层进行固化，以免雨水的浸泡影响基础土壤的质量。

（8）在土方开挖的同时，沿基坑底四周砌排水明沟，在基坑角部设置砖砌集水井，安放潜水泵，有组织地排放基坑内积水。

3. 人工清底

基坑开挖完成后，在基础清理时应预留300mm采用人工清底，基础人工清底如图3.1-5所示。清底完成后必须通知甲方、监理、设计和勘察单位进行检查验收。在基坑开挖时要严格控制基坑最后一步开挖的标高。由现场专职测量员用水平仪将水准标高引测至坑底。形成标高控制网，以准确开挖至预定标高。

图 3.1-5　基础人工清底

4. 土方外运

本工程土方均开挖运输至指定弃土场，土方运输通过采取交通管理及疏导措施以确保土方施工的顺利、有序进行。具体要求如下：

（1）开工前办理好相关施工手续，严禁无证运输。

（2）场区出口以及与市政道路接口设置醒目疏导标识，尽量减少对交通的影响。

（3）对场区出入口进行有效管理，保证交通的通畅；交通拥堵时，白天少量出土，挖土机负责修好现场道路，配合好其他各道工序的施工，给夜间出土提供有力的保证。夜间使用较多的机械设备大批量出土。但要保证夜间施工的噪声不超标。

（4）对挖土机及土方运输车在进场前做一次彻底的检修，保证开工期间的土方机械正常运转，挑选专业的挖土、保洁队伍，落实好土方施工的足够劳动力。

5. 坡道收尾

最后收尾阶段，当挖土至坡道口平台时，所有挖掘机均可撤离基坑，由一台长臂挖掘机从基坑顶退挖掉上层5m土方，再由50t汽车起重机将小挖掘机吊入基坑，挖除剩余坡道部分。

6. 土方开挖注意事项

（1）基坑第一道锚杆施工完，待上层喷射混凝土面层达到设计强度的80%后，方可进行下一阶段土方开挖，每层基坑周边土方开挖后注意将基坑内侧粘结在围护桩或冠梁上的片石等杂物清理干净，以防意外；基坑侧壁开挖后应及时按设计要求进行支护施工，尽量缩短边坡土体的暴露时间，并制定暴雨和其他特殊情况下不能及时支护的应急方案和措施。

（2）基坑内部挖土应遵循分区开挖，基坑内严禁乱开挖，每区开挖至基底标高后及时浇筑混凝土垫层，以减少基坑大面积暴露时间，控制基坑的回弹隆起。

（3）在基坑开挖过程中，应采取有效措施，确保边坡留土及动态土坡的稳定性，慎防土体的局部坍塌造成现场人员损伤和机械的损坏。

（4）基坑开挖过程中发现围护体接缝处渗水应及时采取封堵措施。

（5）人工清底和垫层浇筑混凝土按随清随验随封的原则，分片组织施工，垫层随打随抹，保证标高及平整度的要求。

（6）施工中注意设置好现场排水系统，基坑顶和基坑底在周边设置排水沟，约每隔50m设置一集水坑，用潜水泵将集水坑内的积水抽排至坑外。

（7）在整个土方的施工过程中应注意对边坡的定时监测，做到信息化施工。

（8）土方施工阶段机械开挖、人工清底、垫层等工序交叉、穿插繁多，因此，在土方施工中需与分包单位紧密联系、相互配合。

（9）基坑开挖应自上而下分层、分段、适时进行，严禁无序大开挖作业。每层开挖深度不应超过1.5～2.0m；开挖过程中如遇砂层，每层开挖深度不应超过1.0m，开挖完成后应及时喷护面层；距离坑底30cm土体宜人工挖除。分片挖土至坑底设计标高后，应及时进行地基处理和垫层施工。

（10）机械开挖后，应辅以人工修整坡面，并应清除坡面浮土；一般情况下坡面平整度的允许偏差为±20mm。

（11）基坑侧壁开挖后应及时按设计要求进行支护施工，尽量缩短边坡土体的暴露时间，并制定暴雨和其他特殊情况下不能及时支护的应急方案和措施。

（12）基坑施工时，坑边及四周应设置安全围栏和警示标志，施工人员上下基坑处应设置固定梯子；基坑四周坑顶地面 2m 范围内严禁堆载及走车。

（13）考虑到场地周边对环境要求较高，应采取车辆冲洗及现场降尘措施。

（14）基坑挖土施工放样前应仔细核对主体结构施工图，并结合主体结构施工图进行，若基坑平面定位坐标及高程与主体结构施工图有矛盾时，应以主体结构施工图为准。

（15）基坑开挖前应摸排场地内、外管线及其他障碍物分布情况，避免因开挖对其造成损伤，影响工程施工。

（16）施工马道拟设置在基坑北侧，马道路面应硬化、防滑，设置防护栏杆，满足施工车辆进出要求。马道侧面放坡坡率应满足边坡稳定性要求。坡面应喷射混凝土防护，具体做法参照基坑放坡坡面。

3.1.2.3 支护桩施工

钻孔灌注桩施工工艺流程图如图 3.1-6 所示。

1. 桩位测放

（1）根据城市坐标系统用全站仪引测场地控制坐标点及高程控制点。

（2）根据设计电子版图解各桩位坐标，并用全站仪施放。

（3）施放的各桩位点用长 300mm 的 $\phi20$ 钢钎贯入成孔，孔内灌入石灰、插入 $\phi8$ 钢筋作为标志。

2. 机械钻进成孔

支护桩成孔采用旋挖钻机工艺。

在基坑内中间位置开挖 10m×8m×1.5m 泥浆池，塑料薄膜覆盖池底、池壁，用膨润土制备好泥浆待用，使用完后定期抽排外运至指定地点处理。

泥浆池开挖时按照 1：0.75 比例进行放坡，土方开挖不得高堆于泥浆池四周，泥浆池开挖后立即进行安全防护，并设置夜间 LED 照明措施，防护栏杆高度按照公司基坑边防护栏杆要求，高度不低于 1.2m。施工机械和运输车辆距离泥浆池不得小于 3m，倒车时应有专人指挥。

3. 清除孔底沉渣

旋挖钻机成孔达到设计孔底标高以上 1m 时，停止成孔，静置 30min，待孔内砂砾沉淀后再用双底钻头清理沉渣到预定深度。

4. 钢筋笼制作

（1）基坑内设置 1 个钢筋笼加工场地，面积为 12m×9m，混凝土硬化。

（2）按设计图纸尺寸，钢筋笼通长制作，主筋采用单面搭接焊。

（3）钢筋笼运输采用炮车单体运输，或用吊车四点吊、卸。

5. 钢筋笼吊装

钢筋笼采用 35t 汽车起重机三点水平起吊垂直吊装下放。

6. 混凝土浇筑

（1）灌注的混凝土为商品混凝土，强度等级为 C30，坍落度为 18～22cm；

（2）灌注采用水下导管灌注法，导管直径为 300mm，导管采用丝扣连接，每节长度为 3m，导管顶部料斗容量≥1.0m³。

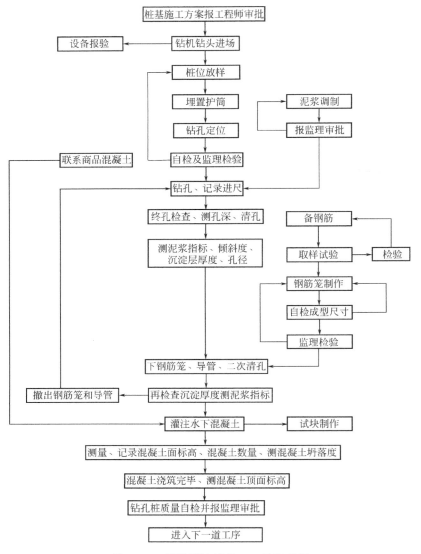

图 3.1-6　钻孔灌注桩施工工艺流程图

7. 破除桩头

混凝土终凝后，用人工破除设计桩顶标高以上混凝土，并用松散砂石料覆盖保护桩头。

8. 灌注桩施工技术要求

（1）成孔方法采用旋挖钻机成孔，孔径分别为 1000mm 和 800mm。垂直轴线方向的桩位偏差不宜大于 50mm。垂直度偏差不宜大于 1%，沉渣不宜超过 200mm。

（2）钢筋笼直径分别为 1000mm、800mm。钢筋笼制作时沿周边均匀配置纵向钢筋，在吊装和安放时应保证钢筋笼不致变形，钢筋笼纵向钢筋的平面角度差不应大于 10°，纵向钢筋的搭接符合混凝土钢筋验收规范。

（3）水下混凝土灌注前，安放好的钢筋笼经验收合格后再进行灌注，随时做好各种记录，每 50m³ 或每班做一组混凝土试块，并及时标记，送养护室标准养护。

9. 支护桩的检查验收标准

支护桩施工时，每道工序结束，必须先进行自检，自检合格后再报监理工程师检验，要确保隐蔽工程的每个环节处于可控状态，保证质量 100％合格。

10. 钻孔灌注桩施工注意事项

(1) 机械成孔，并优先考虑采用旋挖钻机成孔。若局部遇砂层和填土，塌孔严重时可采用回转钻进，泥浆护壁工艺。

(2) 支护桩应隔两根桩跳仓法施工，混凝土达到初凝且 48h 后方可施工相邻桩；施工时注意控制钻进速度，防止孔内坍塌和孔斜；必要时应采取护壁措施防止缩孔、塌孔。

(3) 成孔施工前必须核实场区桩位处管线是否均已迁移完毕或已进行了避让。

(4) 支护桩钢筋保护层厚度为 50mm，冠梁钢筋保护层厚度为 50mm，保护层偏差不超过 20mm。

(5) 支护桩主筋优先选用直螺纹套筒连接，亦可采用搭接焊连接；冠梁纵向钢筋的接驳可采用搭接焊连接。焊接采用双面焊，帮条长度不小于 5d（钢筋直径），焊缝厚度不小于 0.3d、焊缝宽度不小于 0.8d。钢筋连接质量必须符合《钢筋机械连接技术规程》JGJ 107—2016、和《钢筋焊接及验收规程》JGJ 18—2012 的相关要求。采用焊接时，接头应错开，同一断面的接头面积不应超过 50％，且间隔布置；须先做焊接试验，合格后才能进行正式焊接。

(6) 支护桩钢筋笼与定位钢筋应焊接牢固；架立箍筋与主筋之间连接应焊接牢固，螺旋箍筋与主筋之间连接采用绑扎。

(7) 冠梁施工前，应将支护桩桩顶浮浆凿除干净，桩顶出露钢筋长度应达到设计要求，凿除浮浆后的桩顶混凝土强度不应小于设计要求。

(8) 桩位偏差：轴线和垂直轴线方向均不超过 50mm，垂直度偏差不大于 0.5％。桩底沉渣厚度不大于 200mm。钢筋笼外形尺寸应符合设计要求，其允许偏差：主筋间距不超过 10mm，箍筋间距不超过 20mm，钢筋笼直径不超过 10mm，钢筋笼总长不超过 100mm。当采用水下灌注混凝土时支护桩桩顶超灌注高度宜为 0.8～1.0m。

(9) 支护桩顶部钢筋进入冠梁的长度不小于 700mm，桩顶部进入冠梁长度为 50mm。

(10) 支护桩及冠梁需待混凝土强度满足设计强度的 90％以上方可进行下道工序施工。

(11) 腰梁安装时，应先将支护桩桩侧表面稍做凿平。若腰梁与坡面土体间出现脱空现象，可采用 C30 细石混凝土充填，使二者紧密贴合。

(12) 基坑支护打桩、挖土施工放样应结合主体工程施工图进行，若本设计基坑定位、坐标及高程与其矛盾时，应以主体工程施工图为准。

(13) 支护桩的桩位精度应符合《建筑地基基础工程施工质量验收标准》GB 50202—2018 的相关要求，防止桩位偏差过大影响支护结构受力。

(14) 支护桩除本节要求外，还应符合《建筑桩基技术规范》JGJ 94—2008、《建筑地基基础工程施工质量验收标准》GB 50202—2018 等规范中其他有关规定及质量验收标准。

3.1.2.4　高压旋喷锚索施工

高压旋喷锚索施工流程图如图 3.1-7 所示。

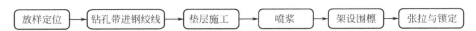

图 3.1-7　高压旋喷锚索施工流程图

（1）现场根据地层情况选用适宜的成孔设备及施工工艺。根据基坑支护设计图纸，采用水准仪分别在坑壁标高确定多个点，用 0.5m 长 $\phi14$ 钢筋标定，并用线绳连接各点作为同层锚索标线。从任意两桩中间确定锚孔位置后，再按 1.5m 或 1.6m 间距延标线确定其他锚孔位置，并用 30mm 长 $\phi6$ 钢筋定位，采用红油漆进行标记。锚索点位的标记过程中，同层锚索的孔位应位于同一水平线上，严禁出现锚索孔位偏差过大，导致后续腰梁安装过程中出现扭曲变形等情况，致使预应力锚索受力不均匀。高压旋喷锚索钻孔施工如图 3.1-8 所示。

图 3.1-8　高压旋喷锚索钻孔施工

（2）锚索为高压旋喷自带钢绞线，锚固段直径为 350mm（扩大头直径为 500mm），自由段孔径为 150mm。锚孔定位偏差不宜大于 100mm；锚孔偏斜度不应大于 2%；钻孔深度应超过锚索设计长度，且不小于 0.5m，旋喷钻进困难时，可先预成孔，当塌孔严重时，可采用跟管钻进方式预成孔，然后再施工高压旋喷锚索。高压旋喷锚索构造详图如图 3.1-9 所示。

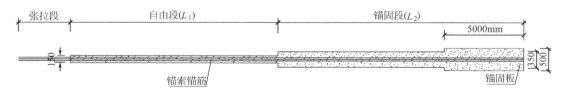

图 3.1-9　高压旋喷锚索构造详图

（3）扩大头的喷射压力不小于 20MPa，喷嘴给进或提升速度可取 10～25cm/min，喷嘴转速可取 5～15r/min，锚固段每延米水泥平均用量不得小于 150kg，施工工艺参数应根据土质条件和工程经验确定，正式施工前应进行工艺性试验，并应在施工中严格控制执行。

（4）水泥浆水灰比为 0.75～1，浆液应搅拌均匀，随搅随用，浆液应在初凝前用完。

（5）施工顺序：放样定位→钻孔带进钢绞线→喷浆→架设围檩→张拉与锁定（养护至设计强度等级 80% 以上）。

（6）锚索材料采用 1860 级 $\phi15.2$ 预应力钢绞线（预应力筋极限强度标准值 $f_{ptk}=$

$1860N/mm^2$）。自由段钢绞线应设置隔离套管（每根锚索单独设置，套管直径略大于钢绞线直径即可），并采用工程防水胶布外缠封闭套管两端；自由段与土层间空隙应注满水泥浆。锚固段在注浆施工完成一周后方可进行锚索张拉。

（7）锚具技术指标应符合《预应力筋用锚具、夹具和连接器》GB/T 14370—2015相关要求。

（8）旋喷锚索张拉具体步骤为：先按钢绞线股数选择锚具及夹片，对准每条钢绞线的位置后，将锚具从钢绞线的端部穿入与钢板压平，将夹片压入锚具孔内，将夹片与锚具压紧，重新装好千斤顶，启动油泵开始张拉，待千斤顶与锚具压紧后，张拉至锁定数值后，回油，拆下千斤顶。

（9）采用钢绞线束整体张拉锁定的方法。锚索张拉分两次逐级张拉，第一次张拉值取锁定力的70%，间隔5d以后进行第二次张拉，二次张拉至锁定力的110%后持荷，每次张拉时均要持荷稳定不少于5min，直至压力表稳定后锁定；张拉时，确保千斤顶轴线和锚索轴线在同一直线上，并应详细记录锚索伸长量；张拉时锚孔应清洗干净，每个夹片打紧程度均匀，安装夹片时应在夹片外表面涂抹黄油或石蜡，张拉过程中，操作人员严格按照规范操作。

（10）若预应力锚索锁定后48h内出现明显的应力松弛现象，则应进行补偿张拉；预应力张拉完成后，用手提砂轮机切除多余钢绞线，外留长度50cm。

（11）为了确定锚固体与其周围岩土层粘结强度，验证锚索设计参数及施工工艺合理性，确定锚索极限承载力，在锚索正式施工前应进行锚索基本试验，试验分组数量依据地层和长度，每组不少于3根。

（12）高压旋喷桩施工方法及要点：

1）本基坑工程开挖前，采用高压旋喷桩对基坑南侧高压电线杆桩周土体进行加固处理。

2）本工程基坑高压旋喷桩加固平面布置位置、加固范围及桩长详见施工图。

3）高压旋喷桩采用桩径500mm，桩间距350mm；桩体固化剂选用强度等级为42.5MPa普通硅酸盐水泥，其水泥掺量应根据试验确定，用量不小于200kg/m，旋喷压力不小于20MPa，水灰比宜采用1:1，加固土体强度应不小于3.5MPa。

4）桩位允许偏差不大于50mm，桩身垂直度允许偏差为0.3%。

3.1.2.5　土钉墙施工

（1）放坡开挖坡面喷射混凝土面层厚度为60mm，灌注桩桩间土防护喷射混凝土面层厚度为80mm。根据埋设喷层厚度的标志来控制喷层厚度，喷射施工时迎面人员应躲开，防止造成伤害。喷射混凝土配合比宜通过试验确定；水泥与砂石质量比宜为1:4～1:4.5，砂率宜为45%～55%，水灰比宜为0.4～0.5；必要时可掺外加剂来调节所需早强时间。建议分两层施工，土方开挖修坡后，先喷射30～40mm厚的混凝土，在钢筋网绑、焊及加强筋焊接完成后喷射剩余面层混凝土。若面层采用一次喷射法，必须在钢筋网下设置垫块，确保钢筋网有不小于30cm的保护层厚度。

（2）放坡开挖坡面支护桩桩间土防护选用φ6@200双向钢筋网；钢筋网片铺设时每边的搭接长度不应少于300mm；钢筋网采用绑扎固定。

（3）放坡开挖坡面防护面层钢筋网片固定方法：按1.5m×1.5m梅花形布设，用一根

ϕ14 的 U 形钉（插筋）固定，长 1.0m，端部反弯 20cm。

（4）支护桩侧钢筋网片固定方法：采用 2 根 ϕ14 通长横向拉筋加强后，通过膨胀螺栓与支护桩连接。横向拉筋与膨胀螺栓竖向间距为 1.5m。钢筋网与横向拉筋采用铁丝绑扎连接，横向拉筋与膨胀螺栓通过两根 ϕ10 钢筋头焊接连接。钢筋头长 150mm。钢筋网片安装如图 3.1-10 所示。

图 3.1-10　钢筋网片安装

（5）喷射混凝土时，喷头与受喷面要保持垂直，距离保持为 0.8～1.5m。作业面的喷射顺序应是自下而上，从开挖层底部开始向上施喷。

（6）若局部滞水丰富，可采用插管引流，再喷射混凝土处理。开挖修坡后应立即开始喷射作业，防止桩间土垮塌。

（7）面层喷射混凝土初凝后，应洒水养护，保持混凝土湿润，养护时间根据气温确定宜为 3～5d。

3.1.2.6　邻近构筑物加固

鉴于本工程的南侧基坑边存在一处高压电线杆，故施工前需要对高压电线杆进行加固处理。电线杆加固示意图如图 3.1-11 所示。电线杆加固详图如图 3.1-12 所示。

电杆加固主要施工工序为：锚桩施工→进行高压旋喷桩加固→24h 内施工混凝土支护桩→拉索施工→电杆周围 C30 混凝土浇筑、斜撑施工→基坑开挖。

应加强对电线杆的变形监测，超过报警值时，应立即反压，调节拉索拉力，排险后再进行下一道工序。加固时的注意事项如下：

（1）本基坑工程开挖前，采用高压旋喷桩对基坑南侧高压电线杆桩周土体进行加固处理。

（2）本工程基坑高压旋喷桩加固平面布置位置、加固范围及桩长详见电线杆平面图。

（3）高压旋喷桩桩径为 500mm，桩间距为 350mm；桩体固化剂选用强度等级为 42.5MPa 普通硅酸盐水泥，其水泥掺量应根据试验确定，用量不小于 200kg/m，旋喷压力不小于 20MPa，水灰比宜采用 1：1，加固土体强度应不小于 3.5MPa。

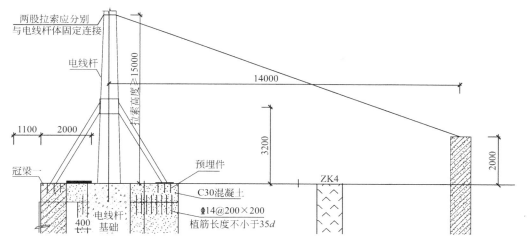

图 3.1-11 电线杆加固示意图

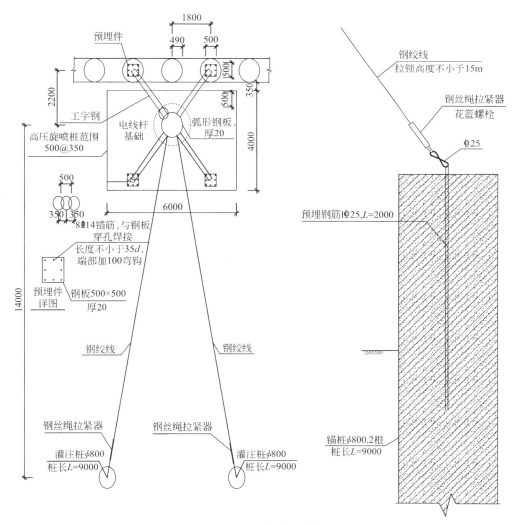

图 3.1-12 电线杆加固详图

（4）桩位允许偏差不大于 50mm，桩身垂直度允许偏差为 0.3%。

（5）锚桩施工完成之后进行混凝土支护桩施工，并同时在电线杆基础处进行植筋施工，直径为 14mm，布置间距为 200mm×200mm，钢筋的植筋长度不小于 35d。

（6）为保证高压电线杆不受基坑影响，在高压电线杆的顶部设置两道拉索与南侧河堤路上的地锚进行连接，以此来保证电线杆的稳定性。

（7）全部完成之后对电线杆基础植筋部分进行混凝土浇筑，并预埋钢板，待混凝土凝固后进行斜撑施工，进一步保证电线杆的稳定性。

3.1.2.7 基坑监测

1. 监测原则

（1）本监测方案以安全施工为目的，根据施工工艺、工序和施工地段等，确定监测项目、监测仪器及精度、监测方法等。

（2）监测点的布设应能够全面地反映监测对象的安全状态。

（3）采用先进的仪器、设备和监测技术。

（4）各监测项目能相互校验，利于数值计算，故障分析和状态研究。

（5）监测工作设专人负责，按设计文件、招标文件技术要求和监测计划有步骤地进行，及时做好数据处理和信息反馈，并以此指导施工，从而提高监测工作质量。

（6）监测应采用先进的监测仪器，定期对仪器进行检定，合理编制监测方案，减少对施工的影响，提高施工质量。

（7）监测基准点及工作基点需要定期进行单独校核。

2. 监测项目

结合本工程的施工方法及结构特征，依据设计要求，监测项目如表 3.1-1 所示。

监测项目　　　　　　　　　　　　　　　　　　　　　表 3.1-1

工点名称	监测项目	测点编号
调蓄池	基坑内外观察	—
	支护桩顶水平位移	1～25 号
	支护桩顶竖向位移	ZQC
	支护桩体水平位移	ZQT
	周边建筑监测	JGC
	锚索应力监测	MSL
	地下水位监测	DSW

3. 监测等级

依据本工程基坑支护设计方案，调蓄池基坑监测安全等级为一级。

4. 测点布设要求

道路及地表沉降测点的埋设，按照规范要求布设。对地表预先探测到存在空洞和施工中发生塌陷的地段，应采用标准方法进行地表沉降观测点埋设。

优先布设、重点布设原则：监测点优先布设在重点风险工程、能够反映工程安全状态的重要部位和影响强烈的区域。

综合布设原则：首先选取影响范围内的建（构）筑物、桥梁进行监测点布设，其次布设地下管线监测点，再布设市政道路监测点，结合建（构）筑物、桥梁、地下管线和道路监测点的情况布设地表监测点，然后结合周边环境情况及围护结构情况，布设围护结构桩顶水平位移、桩（墙）体变形测点和锚杆拉力测点。周边环境、围护结构体系测点应尽量布设在同一断面内。

与工筹相结合的原则：测点布设按照工程筹备的施工顺序，与现场施工相结合进行布设。

5. 测点布设原则

沉降监测点分为控制点和观测点。控制点包括基准点、工作基点等。各种测点均按以下原则布设：

（1）基准点布设原则

1）基准点点位地基坚实稳定、通视条件好、利于标识长期保存与观测；基准点的数量不少于 3 个，使用时做稳定性检查或检验。下列地点不设置基准点：

①易受水淹、潮湿或地下水位较高的地点。

②土堆、河堤土质松软与地下水变化较大的地点。

③距公路 30m（特殊情况可酌情处理）以内或其他受剧烈振动的地点。

④短期内将因新建项目施工而可能毁坏标识或阻碍观测的地点。

⑤地形隐蔽不便观测的地点。

2）工作基点设在靠近观测目标，且便于联测观测点的稳定或相对稳定的位置，并满足下列要求：

①设置在地表的工作基点：采用人工挖孔或大钻孔埋设法在地表设置的工作基点，其钢筋长度不小于 2m，直径为 20mm，并做保护。

②设置在建筑物上的工作基点：选择在基坑施工影响区以外、建成时间较长且有地下室的建筑物上设置。工作基点直径不小于 20mm，并做保护。

3）每次使用时对控制点进行外观检查，清除覆盖物和填充物，并且间隔 3 个月进行控制点复核，确保控制点的准确性。

（2）观测点布设原则

测点布设原则如表 3.1-2 所示。

6. 监测频率

本工程监测频率将根据设计文件及规范规定的适应工程自身安全的频率值作为实际实施监测频率（主要以较大频率为择频原则）。监测频率如表 3.1-3 所示。

测点布设原则 表 3.1-2

观测名称		方法及工具	测点距离
基坑内外情况观察		现场观察及地址描述	每日进行
支护桩顶位移	水平	电子水准仪、全站仪	基坑长短边中点，布设断面间距为 20m
	竖向		

观测名称	方法及工具	测点距离
支护桩(墙)体水平位移	测斜仪	基坑长短边中点,布设断面间距为20m
周边建筑物监测	电子水准仪、全站仪	沉降测点布设于建筑物、立柱每边测点间距为15m
锚索应力	锚索应力计、频率接收仪	与监测主断面对应,每20m布设一个
地下水位	地下水位计	基坑长短边中点,布设断面间距为20m
管线沉降	电子水准仪	测点每10m一个,以及管线节点、转角点和变形曲率较大的地方

监测频率 表 3.1-3

监测对象	监测内容	监测频率
基坑结构	支护桩顶水平位移	基坑开挖阶段2次/d; 主体施工阶段,底板施工完成后7d,2次/d; 主体施工阶段,底板施工完成后7～28d,1次/d; 主体施工阶段,底板施工完28d后,1次/3d; 各道支撑开始拆除到拆除完成后的3d内监测频率为1次/d
	支护桩顶竖向位移	
	锚索应力计	
	地下水位	
周边环境	周边建筑物沉降	
	地下管线沉降	
	地表沉降	
基坑内外观察		实时进行

当出现以下情况之一时，应提高监测频率：

(1) 监测数据达到报警值。

(2) 监测数据变化较大或者速率加快。

(3) 存在勘察未发现的不良地质。

(4) 超深、超长开挖或未及时加撑等违反设计工况施工。

(5) 基坑及周边大量积水，长时间连续降雨、市政管道出现泄漏。

(6) 基坑附近地面荷载突然增大或超过设计限值。

(7) 基坑底部、侧壁出现管涌、渗漏或流砂现象。

(8) 基坑工程发生事故后重新组织施工。

(9) 出现其他影响基坑周边环境安全的异常情况。

7. 现场监测方法及技术要求

(1) 基坑内外观察

对于明挖基坑，通过地质素描和对支护的观察描述、记录了解基坑的稳定状态，主要工作有：

1) 基坑开挖后地层的工程地质特性、地表及地表裂缝情况。

2) 地下水类型、渗水量大小、位置、水质气味、颜色等。

3) 围护结构（含桩）及支撑结构状况。

4) 基坑周边建筑物及其基础状况。

（2）围护桩顶位移

1) 控制点布设原则

围护桩顶位移监测控制点布设的原则：

①控制点是监测点稳定的基准点，布设在施工影响范围以外的稳定区域，为提高监测精度，应埋水泥观测墩或专门观测标识。

②控制点位的分布应满足准确、方便观测的要求。

③每个相对独立测区的竖向位移观测的基准点不应少于 3 个，水平位移观测的基准点不应少于 4 个。

2) 围护桩顶位移测点布设原则

①围护桩顶位移监测点按设计图纸布设在基坑四周围护结构桩顶上，布设的测点应尽量布设在基坑冠梁、围护桩或地下连续墙的顶部等较为固定的地方，同时不易损坏，且能真实反映基坑围护结构桩顶变形为原则。

②基坑长边围护桩顶每 20m 布设 1 点。

③围护桩顶水平位移和竖向位移宜为共用点，测点设置强制对中标志。

3) 控制网布设形式

围护结构桩顶水平位移监测基准网采用导线网，测点监测采用极坐标法。以施工平面控制系统为基准建立，采用附合或闭合导线形式，起始并附合于二等精密导线上。控制点根据场地围挡条件及基坑位置合理布设，一般每个基坑 4 个测点，同观测点一起布设成监测网。

4) 测点埋设及技术要求

①观测点位置选择及埋设方法

观测点分为架站点、后视点以及复核点。观测点应选择能够通视基坑周边所有位置的地方且稳定不易被破坏，故选择强制对中墩（图 3.1-13）架设仪器，作为观测点；后视点选择一个和观测点通视位置固定，保证每次仪器建站的相对零误差；复核点作为建站后控制网数据的检查。

②基点及测点埋设方法

控制基准点由两种方式结合：一是采用强制归心的水泥观测墩，顶面长宽各 0.4m；监测点埋设时先在冠梁、围护桩或地下连续墙的顶部用冲击钻钻孔，再把监测标志（与全站仪棱镜配套）放入孔内，缝隙用锚固剂填充。二是采用 L 形小棱镜，把棱镜用膨胀螺栓固定在冠梁内侧，调整小棱镜的反光面对准仪器架设方向。监测点埋设图如图 3.1-14 所示。

③埋设技术要求

控制点埋设时应保证与监测点间的通视，保证强制对中标志顶面的水平。同时要对设点进行必要的保护、防锈处理，并做明显标记。

图 3.1-13　强制对中墩

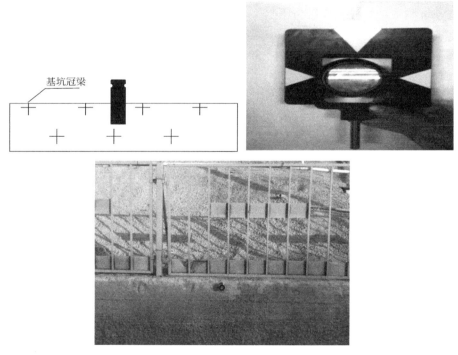

图 3.1-14　监测点埋设图

5）监测方法及数据采集

①围护桩顶水平位移控制点观测采用导线测量方法，监测点采用极坐标法观测，采用全站仪进行观测。在桩顶水平位移监测控制点上安置全站仪，精确整平对中，后视其他水平位移监测测点，后视测点与监测基准点之间的角度、距离，计算各监测点坐标，各期监

测值与初始值比较，得出位移矢量投影基坑方向的变化值，即监测点向基坑内侧的变化量。

②监测注意事项：对使用的全站仪应在项目开始前和开始后进行检验，项目进行中也应定期进行检验，尤其是照准水准管及电子泡补偿的检验与校正；观测应有三个固定，即固定人员、固定仪器、固定测站；仪器应安置稳固严格对中整平，避免受外界干扰影响观测精度，严格按精度要求控制各项限差。

③围护桩顶竖向位移控制点观测采用几何水准测量法，使用水准仪测量各个监测点的高程，与上次测得的高程值做差，计算出监测点竖向位移的变形量。

6）数据处理

①平差计算

观测完成后形成电子原始记录文件，通过数据传输处理软件传输至计算机，使用控制网平差计算得出各点坐标。

注意事项如下：

（a）平差前对控制点稳定性进行检验，对各期相邻控制点的夹角、距离进行比较，确保起算数据的可靠；

（b）使用平差软件按严格平差的方法进行计算。

根据变形观测点二维平面坐标值，计算投影至垂直于基坑方向的矢量位移，并计算各期阶段变形量、阶段变形速率、累计变形量等数据。

②变形数据分析

观测点的变动分析应符合下列规定：

（a）观测点的变动分析应基于稳定的基准点作为起始点而进行的平差计算成果。

（b）二、三级及部分一级变形测量，相邻两期观测点的变动分析可通过比较观测点相邻两期的变形量与最大测量误差（取两倍中误差）来进行，当变形量小于最大误差时，可认为该观测点在这两个周期间没有变形或变动不显著。

（c）对多期变形观测成果，当相邻周期变形量小，但多期呈现出明显的变化趋势时，应视为有变动。

（3）围护桩体深层水平位移

1）测点布设原则

按照监测设计要求，测点布设于主体基坑四周围护桩体内，沿主体基坑长边围护结构每25m布设1个监测孔，在主体基坑短边中点各布设1个监测点。基坑各边中间部位、阳角部位及其他代表性部位应布设监测点；桩体深层水平位移监测点的布设位置宜与支护桩顶水平位移和竖向位移监测点处于同一断面。

2）埋设技术要求

测斜管埋设与安装应遵守下列原则：

①测斜管底部与钢筋笼底部持平或略低于钢筋笼底部，顶部达到地面（或导墙顶）。

②测斜管与支护结构的钢筋笼绑扎埋设，绑扎间距不宜大于1.5m；测斜管的上下管间应对接良好，无缝隙，接头处固定牢固、密封；绑扎时应调正方向，使管内的一对测槽垂直于测量面（即平行于位移方向）；清理底部和顶部，保持测斜管的干净、通畅和平直；埋设明显的标示和可靠的保护措施。测斜管埋设如图3.1-15所示。

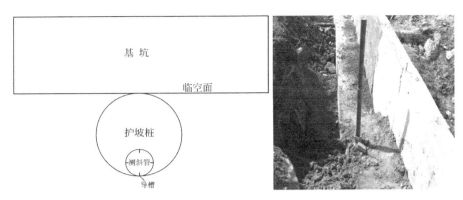

图 3.1-15　测斜管埋设

3) 监测方法及数据采集

①监测仪器及方法

采用测斜仪以及配套 PVC 测斜管。测斜仪如图 3.1-16 所示。

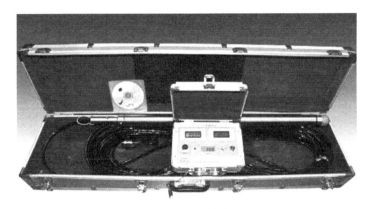

图 3.1-16　测斜仪

使用方法如下：

（a）检查测斜管导槽。

（b）确保测读器处于工作状态，将测头导轮插入测斜管导槽内，缓慢地下放至管底，从管底自下而上沿导槽全长每隔 0.5m 读一次数据，记录测点深度和读数。测读完毕后将测头旋转 180°插入同一对导槽内，以上述方法再测一次，测点深度同第一次相同。

（c）每一深度的正反两次读数的绝对值宜相同，当读数有异常时应及时补测。

②观测方法及技术要求

（a）初始值测定：

基坑开挖前，至少连续独立进行 3 次观测，并取其稳定值的平均值作为初始值。

（b）观测技术要求：

将测斜仪放入测斜管底应等候 5min，以便探头适应管内水温，观测时应注意仪器探头的密封性，以防探头数据传输部分进水。测斜观测时，每 0.5m 的标记一定要卡在测斜管内壁导槽中，每次读数一定要等候电压值稳定再读数，确保读数准确性。

4）数据处理及分析

围护桩体变形观测的基准点一般设在测斜管的底部。当围护桩体变形时，测斜管轴线产生挠度，用测斜仪确定测斜管轴线各段的倾角，便可计算出水平位移。设基准点为 O 点，坐标为（X_0，Y_0），于是测斜管轴线各测点的位移由式（3.1-1）、式（3.1-2）确定：

$$X_i = X_0 + L \cdot f \cdot \sum_{i=1}^{j} \Delta \varepsilon_{xi} \tag{3.1-1}$$

$$Y_i = Y_0 + L \cdot f \cdot \sum_{i=1}^{j} \Delta \varepsilon_{yi} \tag{3.1-2}$$

式中：i 为测点序号，$i=1$，2，……j；L 为测斜仪标距或测点间距（m）；f 为测斜仪测定常数；$\Delta \varepsilon_{xi}$ 为 X 方向第 i 段正、反测应变读数差的一半；$\Delta \varepsilon_{yi}$ 为 Y 方向第 i 段正、反测应变读数差的一半。

计算出测斜管轴线各测点水平位置，比较不同测次各测点水平位移，可知道桩体的水平位移量。

（4）周边建筑物

本项目主要对沿街建筑、滨河大道高架桥、相邻河堤进行监测，监测内容主要为周边建筑物沉降。

1）测点布设

调蓄池相邻西南侧高架桥桥墩要逐墩布设观测点标志，相邻东南侧河堤路面每 20m 布设一个观测点标志，东北方向高压线电杆基础设置一个沉降观测点标志，并在电杆底部及电杆 10m 左右位置增贴反光贴片，用于观测电杆倾斜度。调蓄池北侧路面每 20m 布设一个沉降观测点标志。观测点标志埋设形式如图 3.1-17 所示。

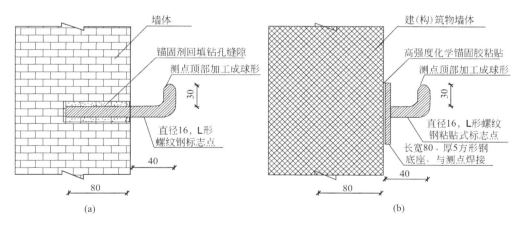

图 3.1-17　观测点标志埋设形式
（a）建（构）筑物埋入式测点埋设；（b）建（构）筑物粘贴式测点埋设

2）监测仪器

建筑物的沉降及周边地表沉降采用水准测量法，仪器采用电子水准仪和铟钢尺，调蓄池东北方向有高压电杆，采用全站仪坐标测图法进行外业采集。

3) 观测方法及技术要求

①观测技术要求

(a) 仪器和标尺要按照规范要求定期进行检校。已知水准点要联测检查,以便保证沉降监测成果的正确性。

(b) 每次沉降监测工作,均需采用环线闭合或往返闭合的方法进行检查,闭合差的大小应根据不同建筑物的监测要求确定。

(c) 每次沉降监测应尽可能使用同一类型的仪器和标尺,尽可能地采用相同的观测路线和观测方法。

(d) 观测记录和成果应清晰完整,准确无误。每期观测结束后,应及时提供成果资料,整个工程结束后,应提供完整的技术报告,技术报告应符合《建筑变形测量规范》JGJ 8—2016 的有关要求。

(e) 采用闭合水准路线形式可以只观测单程,采用附合水准路线形式必须进行往返观测,将量程高差中数进行平差。观测顺序:往测:后、前、前、后;返测:前、后、后、前。

②观测方法

沉降观测采用几何水准测量法,使用 Trimble DINI 系列电子水准仪进行观测,采用该电子水准仪自带记录程序,记录外业观测数据文件。

注意事项如下:

(a) 对使用的电子水准仪、条码水准尺应在项目开始前和结束后均进行检验,在观测中也应定期进行检验,当观测成果异常,经分析与仪器有关时,应及时进行检验与校正。

(b) 观测应做到三固定,即固定人员、固定仪器、固定测站。

(c) 观测时记录文件的存储位置、方式,对电子水准仪的各项控制限差参数进行检查以满足观测要求。

(d) 应在标尺分画线成像稳定的条件下进行观测。

(e) 仪器温度与气温一致时,才能开始观测。

(f) 数字水准仪应避免望远镜直对太阳,避免视线被遮挡,必须在厂家规定的范围内工作,振动源造成的振动消失后,才能启动测量键。

(g) 每测段往测和返测的测站数应为偶数,否则进行零点差改正。

(h) 由往测转向返测时,两标尺应互换位置,并应重新整置仪器;使用附合路线时,应注意电子记录的闭合或附合差情况,确认合格后方可完成测量,否则查找原因直至返工重测合格。

4) 倾斜测量

高压电线杆在外业采集数据时,采用自由设站的方法对高压电线杆的上部点和下部点进行观测,分别测出上部点和下部点 X、Y 和 Z 坐标值,通过上部点和下部点的 X、Y 和 Z 值算出 ΔX、ΔY 和 Δh,即算出 X、Y 的偏移值和上下两点的高差,根据公式 $\Delta D = \sqrt{\Delta X^2 + \Delta Y^2}$ 求得总偏移量,再根据公式 $i = \dfrac{\Delta D}{\Delta h}$ 计算高压电线杆的倾斜率。

(5) 锚索应力

1）测点布设原则

根据设计要求，开挖施工后在施工断面布设多组锚索应力监测断面，锚索应力监测点布设依据为监测点平面布设图。

2）测点埋设及技术要求

①安装前测量锚索应力计的初频，是否与出厂时的初频相符，如果不符，应重新标定或者另选符合要求的锚索应力计。

②锚索应力计在安装前按照要求进行检查，合格后方可进行安装使用。安装前将钢垫板打磨光滑、平整，并使应力计轴心与锚索中心线对齐，钢垫板在锚索张拉前要具有足够的抗压强度。应力计与承压台紧密接触，以确保锚索应力计受力均匀。

③应力计安装在工作锚具和钢垫板之间，对锚索在各工况下的拉力变化情况进行检测。

④在锚索锁定过程中，将应力计锁定在挡板和锚头之间，锁定过程中观察锁定力变化，达到锁定值稳定后，即完成初始安装。

⑤安装过程中，随时进行测力计检测，观测是否有异常情况出现，如有应立即采取措施处理。锚索安装时必须从中间开始向周围锚索逐步对称加载，以免锚索应力计偏心受力。

3）观测方法及技术要求

①监测仪器

该项目监测将采用专用测力计、钢筋应力计施测。锚索施工完成后进行测试。

②技术要求

开挖施工后，在施工断面布设好锚索应力计（索）锚索应力计的安装要根据具体施工工艺及进度选定测试断面及数量，选定后需在技术人员的指导下进行安装。锚杆（索）的安装孔根据设计中施工要求进行钻孔，以此来保证锚杆（索）的受力状态与工程中同地质条件下的锚杆（索）受力状态一致。当被测载荷作用在锚索测力计上，将引起弹性圆筒的变形并传递给振弦，转变成振弦应力的变化，从而改变振弦的振动频率。电磁线圈激振钢弦并测量其振动频率，频率信号经电缆传输至振弦式读数仪上，即可测读出频率值，从而计算出作用在锚索测力计的载荷值。

为了尽量减少不均匀和偏心受力影响，设计时在锚索测力计的弹性圆筒周边内平均安装四套振弦系统，测量时与振弦读数仪连接就可直接测读四根振弦的频率平均值，从而达到精确测量。

（6）地下水位

1）测点布设

测点宜布设在基坑的四角点以及基坑的长短边中，对于长大基坑，沿长边每25m布设一个测点，测点距基坑围护结构的距离为1.5～2.0m。本工程主要依靠施工降水井及观察井作为地下水位监测点，选择距离监测主断面最近降水井或观察井布设水位管进行监测。

2）监测仪器及精度

电测水位计以及PVC塑料管，监测精度为1.0mm。

3）监测方法

使用水位计进行监测时，将探头沿水位孔放入，待听到水位计鸣笛时，向上缓慢拉取探头，直至鸣笛消失，再将探头缓慢下降，直至水位计恰好开始鸣笛时，记录水位计刻度值；反复 3 次取平均值，即为地下水位至水位孔顶的距离。

4）测点埋设方法

采用 $\phi 90 \sim \phi 150$ 钻孔机在测孔布设位置钻孔，待孔深达到要求后下放水位管。水位管采用直径 50mm 的塑料管，每间隔 50cm 打四个出水孔，出水孔外侧包裹三层透水纱布。水位管与孔壁间充填砂、石、黏土等透水充填物至地面标高。

5）埋设技术要求

①钻孔完成后要立即进行水位管的连接、下放工作，避免出现"塌孔"现象。

②水位管下放前必须确保滤水管过滤层牢固绑扎在滤水管上，过滤层如有破损应进行更换，以防滤水管进水孔堵塞。

③下放水位管后要立即进行管外回填工作，避免出现"塌孔"现象。

④承压水位观测孔外回填中粗砂时，应随填随测，避免滤料回填深度过高或不足。

⑤黏土（球）回填速度不能太快，对大块黏土应剔除或敲成小块后再回填，避免出现"架空"现象。

⑥管口应设必要的保护装置（窨井、护筒等），避免管口受损。

（7）地下管线沉降

1）监测点布置原则

测点按设计图纸布设在受施工影响的管线上，布设的原则如下：

①地下管线测点重点布设在煤气管线、给水管线、污水管线、大型的雨水管及电力方沟上，测点布设时要考虑地下管线与基坑的相对位置关系；

②测点宜布设在管线的接头处，或者对施工沉降敏感的部位；

③根据设计图纸的要求，有特殊要求的管线布设管线管顶测点，无特殊要求布设在管线上方对应地表。

2）监测控制网布设

地下管线沉降及差异沉降监测与建（构）筑物沉降变形监测控制网（点）共用，将地下管线差异沉降监测点纳入其中，构成闭合环网、附合网或附合线路等。

3）监测点埋设及技术要求

①监测点埋设

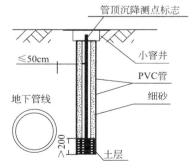

图 3.1-18　地下管线沉降间接观测点埋设示意图

基点与建（构）物沉降监测中的基点共用。

测点埋设要求：有检查井的管线应打开井盖直接将监测点布设到管线上或管线承载体上；无检查井但有开挖条件的管线应开挖暴露管线，可将观测点直接布到管线上；无检查井也无开挖条件的管线可在对应的地表埋设间接观测点。管线沉降观测点的设置可视现场情况，采用抱箍式或套筒式安装，对于封闭的管线可采用抱箍式埋点，对于开放的管线布设在管线或管线支墩上做监测点支架，地下管线沉降间接观测点埋设示意图如图 3.1-18 所示。

②技术要求

地下管线沉降监测点埋设时应注意准确调查核实管线

位置，确保测点能够准确反映管线的沉降，测点埋设前应探明有无其他管线，确保埋设安全。

4）观测方法、数据采集及监控频率

①监测方法及仪器

管线沉降监测采用几何水准测量法，使用电子水准仪进行观测。

②观测技术要求

管线沉降测点观测按二等水准监测网技术要求观测，其主要技术要求与周围建筑物沉降监测相关要求一致。

8. 测点技术要求

沉降监测点可分为控制点和观测点（或测点）。控制点包括基准点、工作基点等。各种测点均按照以下要求选设：基准点的选设必须保证点位地基坚实稳定、通视条件好、利于标识长期保存与观测；基准点的数量应不少于 3 个，使用时应做稳定性检查或检验。

工作基点选设在靠近观测目标且便于联测观测点的稳定或相对稳定的位置，主要满足下列要求：设置在地表的工作基点，采用人工挖孔或大钻孔埋设法，在地表设置的工作基点，其钢筋长度不小于 3m，直径为 20mm，并应做保护；设置在建筑物上的工作基点选择在施工影响区以外、建成时间较长且有地下室的建筑物上设置，工作基点直径不得小于20mm，并应做保护。

9. 测点保障

测量队负责测点埋设、日常量测、数据处理和仪器保养维修工作，并及时将量测信息反馈给施工和设计。对测点的保护、补偿措施主要有：

（1）地表沉降、桩顶水平位移、桩顶竖向位移、建筑物沉降及倾斜。

（2）对于这一类监测项目，当测点出现破坏情况时，在原测点附近可重新布设一个测点，其变形量可有效地与前测点进行对接。

（3）桩体水平位移等预埋测点。

（4）对于这一类预埋的项目，由于是预埋在连续墙内，故一旦出现管道破坏的情况，将无法进行补救，因此，对于测斜管的保护非常重要。

对于传感器监测类项目，一旦出现破坏情况，将根据实际需求进行追加布设，追加设备及工作量按其投标价格追加工程监测费用。

建立人为破坏测点后的处罚机制，不论是第三方工作人员还是现场施工人员，对已布测点造成破坏，按照测点破坏程度进行处罚。

10. 控制标准和预警

本基坑监测控制标准将以最终设计图纸为准，监测控制标准如表 3.1-4 所示。

监测控制标准 表 3. 1-4

序号	监控项目及范围	累计变化量	变化速率
1	基坑内外观察	—	—
2	支护桩（墙）顶水平位移	19mm	3mm/d

续表

序号	监控项目及范围		累计变化量	变化速率
3	支护桩(墙)顶竖向位移		19mm	3mm/d
4	支护桩(墙)体水平位移		19mm	3mm/d
5	周边建筑物沉降		20mm	2mm/d
6	地下水位		基坑坑底以下1m	500mm/d
7	地表沉降		19mm	3mm/d
8	地下管线	燃气	沉降值20mm	2mm/d
		雨污水	沉降值15mm	2mm/d
		供水	沉降值20mm	2mm/d

11. 应急监测

施工过程中，一旦发现险情，第一时间由监理单位组织召开应急大会，确保及时排除险情保证安全。同时采取如下应急措施：

（1）成立以现场负责人为组长的监控小组，针对发现险情的部位进行重点监控，监控内容包括：桩体水平位移、桩顶水平位移、支撑应力等能直接反映结构自身变形和受力特征的项目，另外对于影响范围内的建筑、管线也需加强监测。

（2）应急监测人员24h在场监测，密切关注遇险部位的变化情况，第一时间将其变化趋势反映给第三方监测单位，以便及时采取解危措施。

（3）联合第三方监测单位，做好现场联测工作，如有发现异常及时通知第三方监测，针对异常部分进行重点监测。

（4）做好应急措施，对有潜在危险的区域，进行加密监测。

（5）如解危措施完成后，监测过程中仍然发现各测项数值变化速率或累计值超标，则第一时间通知第三方监测单位，分析原因进行排查，必要时联系监理单位组织召开应急大会，重新商定解危措施。

（6）应急监测在现场完成解危措施后，保持高监测频率，直至各个测项数值变化趋于稳定且符合控制标准值后，恢复正常监测。

应急监测各方联动流程图如图3.1-19所示。

12. 监测结果反馈

信息化施工要求以监测结果评价施工方法，确定工程技术措施。因此，对每一测点的监测结果要根据管理基准和位移速率等综合判断基坑及邻近建筑物、管线的安全状况。

根据各物理量的变化过程曲线（时态曲线），划分急剧增长段、缓慢增长段及基本稳定段。判断其稳定程度并提出下一步施工预报的意见。

实测资料经过整理分析后，确定各物理量的绝对值、变化率、加速度和坡度等指标，作为判定稳定的标准值。

通过回归分析、相关分析，找出各物理量和时间、空间的关系，推算各物理量随开挖进尺、时间推移的变化趋势。

监测信息反馈流程图如图3.1-20所示。

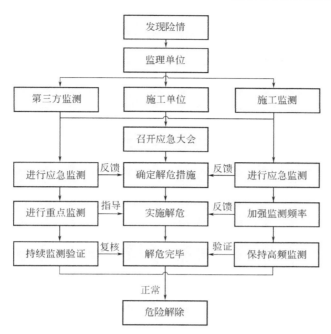

图 3.1-19　应急监测各方联动流程图

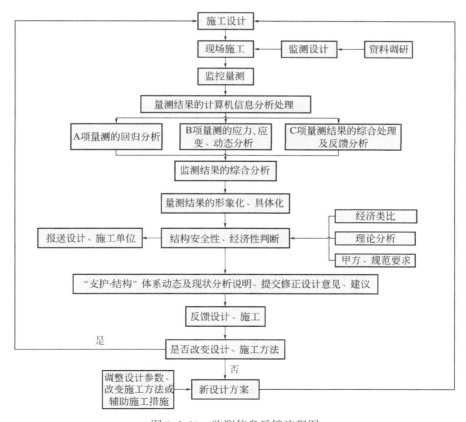

图 3.1-20　监测信息反馈流程图

监测方案需进行动态化管理，如果需要修改监测方案，必须经过设计、监理、第三方监测以及总包的审核和批准。

13. 监测点的保护

（1）测点的保护措施

测点是监测工作的基础工作，清晰、牢靠的测点是进行数据测量和获取的基本保障。测点布设应根据实际水文地质情况，按照技术方案布设牢靠。但是施工环境恶劣，伴随大量的人员流动、施工材料堆放和机械设备运动。因此，需进行精细的监测工作，测点布设和保护应做到以下几点：

1）要关注施工进度，与协作队伍协调好工序，各类测点应及时埋设。

2）测点应布设牢靠，一般布设在地基坚实稳定、通视条件好、利于长期保存与观测的位置，并应避开机械设备等可能影响区域。

3）对于测斜管、管线测点等预埋监测点，应提前对施工单位进行技术交底，明确测点布设位置，并且注意巡视施工进度，及时预埋监测点，并且需持续关注进度，在工序转化时应注意测点的保护，比如破桩头和冠梁施工时，需及时对测点进行接管，提高测点的成活率。

4）各类测点在埋设稳定后及时进行初始值观测。

5）各类测点应按监测设计断面进行埋设，对变化较大区域应及时加密监测测点。

6）注意测点的保护，测点布设后应采用反光贴、标识标牌等，提醒施工人员不得破坏，更不允许在测点上架设电线等用作其他用途。

7）加强对施工人员技术培训，提高施工人员保护测点的意识，如果采取多种提示措施仍无法保证监测点的安全使用，可通过罚款等措施提高施工作业队伍的安全意识。

8）测点破坏之后应及时补埋，并通知监测单位进行复测，重新确定初始值。

9）每个断面应该悬挂标示牌，并在测点外围用醒目的油漆、护栏、砖石砌体等标识，防止机械碰撞，监测测点应设置测点保护责任人。

（2）测点恢复和补救措施

量测组负责测点埋设、日常量测和仪器保养维修工作，并及时将量测信息反馈于施工和设计。对测点的保护、补偿和恢复措施主要有：

1）必须对水准基点、工作基点、测站点等关键基准点划定保护区域，在其附近位置严禁堆放、摆设重物，严禁各类施工活动碰动或覆盖上述的基准点和监测点。

2）确定固定人员对监测点安全性进行日常巡视和保护，当发现监测点被碰动或损坏应及时通知监测单位，验证其稳定性后做出处理措施。

3）对于地表沉降、水平位移等这一类监测点，如果发生轻微碰撞时，可以采取重新获取初始值，且在新的初始值下，将变形规律进行累加；当测点出现严重破坏情况时，在原测点附近可重新布设一个测点，其变形量应有效地与前测点进行对接。

4）孔隙水压力等预埋测点，由于是预埋在土体内，故一旦出现测点连接线破坏的情况，将无法进行补救，即使布设新的测点，也难以得到数据的持续变化，因此，对于预埋的传感器的数据线必须采用硬质外壳进行保护，并在地表安装保护盒。

5）建立人为破坏测点后的处罚机制，不论是第三方工作人员还是现场施工人员，对已布测点造成破坏，按照测点破坏程度进行处罚。

3.2 盛水构筑物工程（新建）

3.2.1 工程概况

调蓄池为渭南市污水处理厂提标改扩建工程建设内容中新建乐天大街初期雨水调蓄池，调蓄容积 28900m³，位于乐天大街与滨河大道交汇处，结构形式为钢筋混凝土结构。池体结构尺寸 119m×69m×11.25m，占地面积 7038.55m²，基础采用钢筋混凝土整体底板。采用水工混凝土，混凝土强度等级为 C30。构筑物抗渗等级为 P8，抗冻等级为 F150。

3.2.2 地基与基础工程

由于开挖至设计标高后，基础部分的土体依然达不到设计承载力要求，故与设计院及相关单位结合现场实际进行探讨，采用水泥土搅拌桩（干法）＋级配碎石换填的地基处理方案进行施工。

1. 水泥土搅拌桩施工工艺流程

根据以往工作经验及设计要求，水泥土搅拌桩的施工初步采用"二喷四搅"施工工艺，水泥土搅拌桩施工工艺流程图如图 3.2-1 所示。

2. 场地平整

施工前，按照设计范围，先将施工范围内的种植物及障碍物进行清除。场地铺设好工作垫层后用压路机碾压数遍，整平高度为设计桩顶上以 0.5m，使之符合设计及规范要求。

3. 施工放样

根据桩位平面布置图，复测后在施工现场用钢尺定出每根桩的桩位，用竹签插入土层并在桩位处撒石灰做好标记，每根桩的桩位误差不得大于 5cm。同时做好复测工作，在以后的施工中应经常检查桩位标记是否被移动，确保桩位的准确性。水泥土搅拌桩桩间相对位置图如图 3.2-2 所示。

准确测量场地标高，以便确定给进深度及停灰面高度。

4. 桩机就位

桩机设备到达指定桩位对中，为确保桩位正确，必须使用定位卡，钻头对中桩位误差不大于 5cm，导向架和搅拌机轴与地面垂直，垂直度的偏差不超过 1.5%。

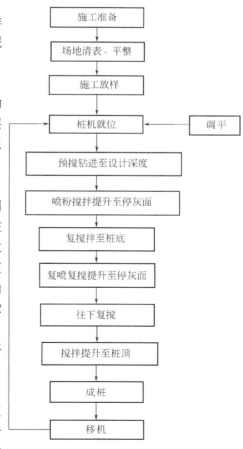

图 3.2-1 水泥土搅拌桩施工工艺流程图

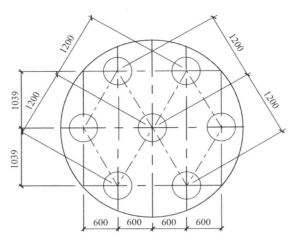

图 3.2-2 水泥土搅拌桩桩间相对位置图

5. 水泥土搅拌桩施工方法

（1）预搅下沉

钻头边旋转边钻进，搅拌头翼片的枚数、宽度、与搅拌轴的垂直夹角、搅拌头的回转数、提升速度相互匹配，搅拌时钻头每转一圈的提升（或下沉）量为 10～15mm，确保加固深度范围内土体的任何一点均能经过 20 次以上的搅拌，根据设计要求控制桩底标高。下钻过程主要是搅松软土，为了不堵塞喷射口，做到边旋转边喷高压气，有利于钻进，减少负扭矩。

下钻至设计高差 1.0m 时，需调整钻速，保持钻速为 0.3m/min，使送粉前的土体充分松动、粉碎，有利于第一次喷射。下沉钻头钻进时，根据土质软硬，选择合适的挡位，并时时注意电流的变化及时换挡。

下沉钻头钻进时，根据土质软硬，选择合适的挡位，并时时注意电流的变化做到及时换挡。

（2）提升喷粉

当搅拌头到达设计桩底以上 1.5m 时，应开启喷粉机提前进行喷粉作业。钻进到位后，调整钻头呈反向旋转，此时粉体发生器开始喷粉，提升速度不大于 0.8m/min，保持送粉空气压力为 0.4MPa，气流为 20L/s，保证桩身喷粉量满足设计要求，每延米的固化剂喷入量与设计值误差小于 3%。

桩机每次下沉或提升的时间安排专人记录，时间误差一般不大于 5s，提升前要有等待送粉到达桩底的时间，防止出现提升却未喷粉的情况，具体时间随机械类型与送灰管长度而变化；钻进提升时管道压力不能过大，防止钻孔淤泥向孔壁四周挤压形成空洞；对输送水泥管要经常检验，不得泄漏及堵塞，另外对使用的钻头进行定期检查，其直径磨耗量不得大于 1cm，在喷粉过程中当发现套管漏气或堵管则立即停止喷粉；时刻观察供粉计量仪的数字变化，当发现喷粉量明显减少或突然停止，立即记录，以便于补粉或复搅。提升喷粉成桩到设计桩长或层位后，原地喷粉 0.5min，再反转匀速提升，深度误差不超过 5cm。

（3）停粉

停粉面高于桩顶设计标高 50cm，在开挖基坑时，将桩顶以上土层及桩顶施工质量较差的桩段，采用人工挖除。当钻头提升至地面下 50cm 时，发送器停止喷粉，改送压缩空气，并减缓提升速度防止水泥粉带出地表。

（4）复搅下沉

为了提高桩身强度，适应荷载应力传递，必须进行复搅。当第一次停粉后，立即换挡下沉，进行复搅并观察复搅深度。

下沉钻头钻进时，根据土质软硬，选择合适的挡位，并时时注意电流的变化及时换挡。

（5）复喷复搅提升至设计桩顶标高

复搅至设计桩底标高时，将传动系统调至反转，启动送粉系统，当灰量达到设计掺灰量的三分之一时，开始边旋转边提升，直至达到设计桩顶标高终止。

整桩喷粉结束后，检查计量仪。若喷粉量不足，在 12h 内采取补喷措施，整桩复打，当中间有喷粉量不足时及时检查记录，部分复打，复打长度应重叠 1m。

（6）往下复搅

喷粉、搅拌、提升至设计桩顶标高时，停止提升，将传动系统调至正转，停止喷粉，由设计桩顶标高往下进行复搅。

（7）复搅、提升

复搅至 1/3 桩长（离桩顶）标高时，将传动系统调至反转，匀速复搅、提升，直至达到孔口，桩体形成。

（8）移机

每一根桩施工完成后，移位进行下一根桩的施工。

6. 级配碎石铺设

待基坑内水泥土搅拌桩全部施工完毕后，将顶部预留的松散桩体挖除，随后铺设厚度为 500mm 的级配碎石，压实系数不小于 0.97。复合地基级配碎石压实如图 3.2-3 所示。

图 3.2-3　复合地基级配碎石压实

7. 检测验收标准

（1）在成桩 3d 内，使用轻便触探仪（N）检查上部桩身的均匀性，检验数量为施工总数的 1%，且不少于 3 根。

（2）成桩 7d 后，采用浅部开挖桩头进行检查，开挖深度宜在设计桩顶标高以下 0.5m，检查搅拌的均匀性，量测成桩直径，检查量为施工总桩数的 5%，试桩全部进行开挖检测。

（3）成桩 28d 后，宜采用双管单动取样器钻取芯样，作为水泥土抗压强度检验，检验数量为施工总桩数的 0.5%，且不少于 6 根。

（4）搅拌桩地基竣工验收时，承载力检验采用复合地基载荷试验（$F_{ak} \geqslant 180 kPa$）及单桩承载力静载试验（单桩竖向承载力特征值不小于 283kN）其中单桩静载力静载试验数量不小于总桩数的 1%，复合地基静载荷试验数量不少于 3 台。

施工质量允许偏差如表 3.2-1 所示。

施工质量允许偏差　　　　表 3.2-1

序号	检查项目	规定值或允许偏差	备注
1	桩体间距(mm)	±100	
2	桩位(mm)	±50	
3	桩径	不小于设计值	
4	桩长	不小于设计值	
5	竖直度(%)	小于 1.5%H	H 为桩长
6	单桩喷浆量	符合设计	
7	桩体强度	不小于设计值	
8	复合地基承载力	不小于设计值	

3.2.3　主体工程

3.2.3.1　钢筋工程

1. 总体思路

本工程钢筋施工总体思路为先进行主要构筑物的施工再进行主要建筑物的施工，重点对伸缩缝、预留洞口等处的钢筋安装进行管控。

2. 工艺流程

（1）基础底板钢筋施工工艺流程

基础放线→弹钢筋位置线→吊运钢筋到使用部位→绑扎底板下钢筋及基础梁钢筋→水电工序插入→设置垫块→插墙柱预埋钢筋→基础筏板钢筋验收。

（2）框架柱钢筋施工工艺流程

弹柱皮位置线、模板外控制线→套柱箍筋→搭接绑扎竖向受力筋→画箍筋间距线→箍筋绑扎。

（3）梁钢筋施工工艺流程

画主次梁箍筋间距→放主次梁箍筋→穿主梁底层纵筋及弯起筋→穿次梁底层纵筋与箍筋固定→穿主梁上层纵向架立筋→按箍筋间距绑扎→穿次梁上层纵向钢筋→按箍筋间距

绑扎。

（4）板钢筋施工工艺流程

清理模板→模板上画线→绑扎板下受力筋→水电预埋→绑扎板负筋→自检合格→提请质检员专检→验收→移交混凝土工种。

（5）楼梯钢筋施工工艺流程

画位置线→绑扎主筋→绑扎分布筋→绑扎踏步筋。

（6）池壁钢筋施工工艺流程

画池壁外皮位置线、模板外控制线→清理池壁底部浮浆→修整底层伸出的池壁预留钢筋→池壁中部设置竖向和水平梯子筋→绑扎池壁竖向钢筋及池壁中间、端部边缘构件钢筋→在池壁竖筋上标识水平、竖向钢筋间距→按标识的间距从下到上将边缘构件筋绑扎成型。

3. 施工方法及要点

（1）基础底板钢筋方法及要点

1）底板钢筋绑扎时，先绑扎集水坑的下部钢筋，然后绑扎其他部位的底板钢筋，在防水保护层上弹出钢筋的位置线，按弹出的钢筋位置线，基础底板的下层钢筋先铺短向钢筋，后铺长向钢筋。底板绑扎完后，进行钢筋的铺设，底板钢筋布置示意图如图 3.2-4 所示。

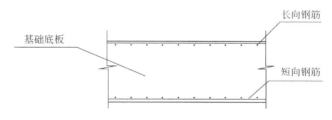

图 3.2-4　底板钢筋布置示意图

2）摆放底板下部钢筋时，第一根钢筋应距离防水保护墙边 50mm，摆完第一根钢筋后再按照底板钢筋的间距摆放其他钢筋，排到最后不够一个钢筋间距时要另加一根钢筋，且要与最后一根钢筋把间距均分；基础底板的弯钩，下排钢筋伸至外墙边留出保护层，做直角弯钩，上排钢筋伸至外墙边留出保护层，不做直角弯钩。

3）底板钢筋绑扎时，直径≥18mm 的钢筋接头采用滚轧直螺纹套筒连接，接头按50％错开连接；下层钢筋的接头位置在跨中 1/3 范围内连接，上层钢筋在支座处连接；底板钢筋安装如图 3.2-5 所示。

4）绑扎完基础底板下层钢筋后，摆放钢筋马凳，马凳放在下层钢筋上方，马凳筋布置为 φ16 的三级钢，间距为双向 800mm。绑扎底板上层钢筋及拉钩，受力钢筋所有交叉点均应绑扎。

5）钢筋绑扎时，双向钢筋必须将钢筋交叉点全部用兜扣倒八字绑扎，不得跳扣绑扎。底板混凝土保护层用 60mm×60mm×50mm 厚水泥砂浆垫块，垫块厚度等于钢筋保护层厚度，为 50mm，按每 0.6m 的距离呈梅花形摆放。

（2）框架柱钢筋施工方法及要点

1）套柱箍筋：按图纸要求间距计算好每根柱箍筋数量，先将箍筋套在下层伸出的搭

图 3.2-5　底板钢筋安装

接筋上，然后立柱子钢筋。在搭接长度内绑扎 3 根箍筋，箍筋绑扣要向柱中心。

2）搭接绑扎竖向受力筋：根据本工程设计文件搭接长度为 45d，且任何情况下搭接长度均不小于 300mm。绑扎接头的位置应相互错开（或按设计要求）。

3）画箍筋间距线：在立好的柱子的竖向钢筋上按图纸要求用粉笔画箍筋间距线。

4）柱箍筋绑扎：按已画好的箍筋位置线将已套好的箍筋往上移动，由上往下绑扎，宜采用缠扣绑扎箍筋与主筋要垂直；箍筋转角处与主筋交点均要绑扎；主筋与箍筋非转角部分的相交点梅花交错绑扎，箍筋的弯钩叠合处应沿柱子竖筋交错布置，并绑扎牢固。有抗震要求的地区，柱箍筋端头应弯成 135°，平直部分长度为 10d；如箍筋采用 90°搭接，搭接处应焊接，焊缝长度单面焊缝长度为 5d。柱上下两端箍筋应加密，加密区长度及加密区内箍筋间距应符合设计图纸要求，如设计要求箍筋设拉筋时，拉筋应钩住箍筋，柱筋保护层厚度应符合设计要求，垫块应绑扎在柱竖筋外皮以上 1m 处，以保证主筋保护层厚度准确。

（3）梁钢筋施工方法及要点

1）在梁侧模板上画出箍筋间距摆放箍筋。

2）穿主梁的下部纵向受力钢筋及弯起钢筋，将箍筋按已画好的间距逐个分开；穿次梁的下部纵向受力钢筋及弯起钢筋，并套好箍筋调好箍筋间距使间距符合设计要求；再绑扎主筋，主次梁同时配合进行。

3）框架梁上部纵向钢筋应贯穿中间节点，梁下部纵向钢筋伸入中间节点锚固长度及伸过中心线的长度要符合设计要求；框架梁纵向钢筋在端节点内的锚固长度也要符合设计要求。

4）绑扎梁上部纵向筋的箍筋宜用套扣法绑扎。

5）箍筋在叠合处，弯钩在梁中应交错绑扎，箍筋弯钩为 135°，平直部分长度为 10d，如做成封闭箍时单面焊缝长度为 5d。

6）梁端第一个箍筋应设置在距离梁边缘 50mm 处，梁端与柱交接处箍筋应加密其间距与加密区长度均要符合设计要求。

7）在主、次梁受力钢筋下均应垫垫块，以保证保护层的厚度，受力钢筋为双排时可用短钢筋垫在两层钢筋之间，钢筋排距应符合设计要求。

8）梁的受力钢筋直径≥22mm时采用焊接接头，小于22mm时用绑扎接头，搭接长度要符合规范规定的搭接长度，末端与钢筋弯折处的距离不得小于钢筋直径的10倍，接头不宜位于构件最大弯矩处受拉区域内；一级钢筋绑扎接头的末端应做弯钩（二级钢筋可不做弯钩），搭接处应在中心和两端扎牢，接头位置应相互错开。

9）梁的悬挑部分箍筋间距沿挑梁全长加密，间距为100mm。

（4）板钢筋施工方法及要点

1）清理模板上面的杂物；用粉笔在模板上画好主筋分布筋间距线。

2）按画好的间距线，摆放受力主筋后，放分布筋。预埋件、电线管预留孔等及时配合安装。

3）在现浇板中有板带梁时应先绑扎板带梁钢筋再摆放板钢筋。

4）绑扎板筋时，一般用顺扣或八字扣，除外围两根钢筋的相交点外，应全部绑扎，其余各点可交错绑扎（双向板须满扎）；如板为双层筋，两层筋之间须加钢筋马凳以确保上部钢筋的位置准确，马凳筋用 $\phi 12$ 的三级钢，间距为800mm×800mm，负弯矩钢筋每个相交点均要绑扎。

5）在钢筋的下面垫好砂浆垫块，间距为1m。垫块的厚度等于保护层厚度。

顶板钢筋安装如图3.2-6所示。

图3.2-6　顶板钢筋安装

（5）池壁钢筋施工方法及要点

将池壁深处预留的钢筋调直理顺，并将表面砂浆等杂物清理干净。先立2～4根竖筋，并画好横筋分档标志，然后于下部及齐胸处绑扎两根横筋固定好位置，并在横筋上划分好分档标志，然后绑扎竖筋，最后绑扎横筋。

为了保证竖向钢筋与水平钢筋的间距及保护层厚度符合要求，采用竖向梯子筋和水平梯子筋进行控制，梯子筋的做法如下：

梯子筋主筋要比墙筋主筋直径大一规格，可以代替主筋绑扎，根据翻样尺寸焊接，梯

长度为墙断面减2mm
端头涂防锈漆

墙体水平筋的间距

5cm

图 3.2-7　墙筋安装示意图

子筋立筋之间的宽度和墙体立筋的宽度相同，上中下至少设 3 道墙体顶模筋，顶模筋长度小于墙厚 2mm，两端均分，端头用无齿锯切齐，顶模筋端头涂刷防锈漆。其余钢筋长度小于墙厚 2mm，墙筋安装示意图如图 3.2-7 所示。

双排筋之间应绑扎拉筋，拉筋直径不小于 $\phi6.5$，间距为 $600mm\times600mm$ 梅花形布置，池壁底部加强部位的拉筋宜适当加密。为保持两排钢筋的相对距离，宜采用绑扎定位用的梯形支撑筋，间距为 $1000\sim1200mm$。墙筋安装如图 3.2-8 所示。

图 3.2-8　墙筋安装

3.2.3.2　模板工程

1．技术参数

（1）梁模板

梁底及两侧采用 15mm 厚木胶合板，次楞采用 $40mm\times60mm$ 木方，主楞采用双 $\phi48\times3$ 钢管，支撑采用盘扣式钢管脚手架。梁侧用型号 M14 止水对拉螺杆加固，梁底采用与板立杆共用做法，盘扣架双槽钢横梁，双槽钢托梁规格型号如图 3.2-9 所示。双槽钢托梁安装示意图如图 3.2-10 所示。

型　号	规　格	材　质	长　度(m)	表面处理
SCG-1.05	8号	Q235B	1050	热镀锌
SCG-1.35	8号	Q235B	1350	热镀锌

图 3.2-9　双槽钢托梁规格型号

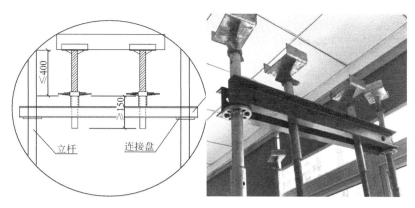

图 3.2-10 双槽钢托梁安装示意图

梁模板基本参数（梁尺寸：300mm×650mm）见表 3.2-2。

梁模板基本参数（梁尺寸：300mm×650mm） 表 3.2-2

基本参数			
计算依据	《建筑施工承插型盘扣式钢管脚手架安全技术标准》JGJ/T 231—2021		
混凝土梁高（mm）	650	混凝土梁宽（mm）	300
模板支架高度（m）	7.85	梁底立杆根数	2
梁跨度方向立杆间距（m）	1.2	梁底两侧立杆横向间距（m）	1.2
水平杆步距（m）	1.5	次楞间距（mm）	250
梁底可调托撑间距	300	对拉螺栓横向间距（mm）	500

（2）板模板

面板采用 15mm 厚木胶合板，次楞采用 40mm×60mm 木方，主楞采用双 $\phi48×3$ 钢管，支撑采用盘扣式钢管脚手架。

板模板基本参数（板厚 300mm）见表 3.2-3。

板模板基本参数（板厚 300mm） 表 3.2-3

基本参数			
计算依据	《建筑施工承插型盘扣式钢管脚手架安全技术标准》JGJ/T 231—2021		
板厚度（mm）	300	板边长（m）	43
板边宽（m）	8.5	模板支架高度（m）	10.3
立杆纵向间距（m）	1.2	立杆横向间距（m）	1.2
水平步距（m）	1.5	次楞间距（mm）	100

（3）柱模板

面板采用 15mm 厚木胶合板，次楞采用 40mm×60mm 木方，柱箍采用双 $\phi48×3.0$ 钢管加固，采用 M14 对拉螺栓进行加固。边角处采用木板条找补，下口采用快干水泥砂浆提前塞缝，接缝处贴双面胶带，保证楞角方直、美观。柱模板构造参数见表 3.2-4。

柱模板构造参数

表 3.2-4

600mm×500mm 柱断面图	1000mm×1000mm 柱断面图
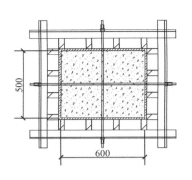	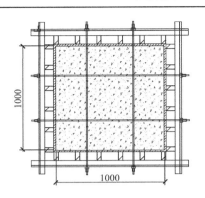
注解： 柱边长 $L=600$mm，柱长边次楞 4 根； 柱边宽 $B=500$mm，柱短边次楞 4 根； 柱箍采用双钢管，间距为 500mm；混凝土柱计算高度为 4700mm； 最低处柱箍距底部 200mm； 柱中增设对拉螺杆 1 道	注解： 柱边长 $L=1000$mm，柱长边次楞 6 根； 柱边宽 $B=1000$mm，柱短边次楞 6 根； 柱箍采用双钢管，间距为 500mm；混凝土柱计算高度为 4700mm； 最低处柱箍距底部 200mm； 柱中增设对拉螺杆 2 道

2000mm×1000mm 柱断面图

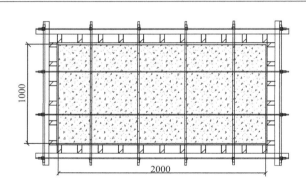

注解：
柱边长 $L=2000$mm，柱长边次楞 11 根；
柱边宽 $B=1000$mm，柱短边次楞 6 根；
柱箍采用双钢管，间距为 400mm；混凝土柱计算高度为 4700mm；
最低处柱箍距底部 200mm；
柱长边对拉螺杆根数 4 道，柱短边对拉螺杆根数 2 道

（4）圆柱模板

面板采用 17mm 厚的木胶合板，柱箍类型采用厚度为 1mm、宽度为 40mm 的扁钢钢带，采用 M12 钢带连接螺栓连接。模板接口处采用凸凹槽设计，保证接缝处圆顺、美观。圆柱模板基本参数如表 3.2-5 所示。

圆柱模板基本参数表 表 3.2-5

基本参数			
计算依据	《混凝土结构工程施工规范》GB 50666—2011		
混凝土柱直径(mm)	800	柱箍数量(个)	11
混凝土柱计算高度(mm)	4700	柱箍间距(mm)	450
钢带连接螺栓个数(个)	1	最低处柱箍到底部距离(mm)	150

（5）墙模板

面板采用 15mm 厚木胶合板，次楞采用 40mm×60mm 木方，主楞采用双 ϕ48×3.0 钢管加固，900mm 墙模板采用 M16 止水对拉螺杆进行加固，600mm 墙模板采用 M14 止水对拉螺杆进行加固。

1）墙模板基本参数（墙厚 900mm）如表 3.2-6 所示。

墙模板基本参数（墙厚 900mm） 表 3.2-6

基本参数			
计算依据	《混凝土结构工程施工规范》GB 50666—2011		
混凝土墙厚度(mm)	900	混凝土墙计算高度(mm)	4700
次楞间距(mm)	180	主楞间距(mm)	450
次楞布置方向	竖直方向	主楞合并根数	2
对拉螺杆横向间距(mm)	450		

2）墙模板基本参数（墙厚 600mm）如表 3.2-7 所示。

墙模板基本参数（墙厚 600mm） 表 3.2-7

基本参数			
计算依据	《混凝土结构工程施工规范》GB 50666—2011		
混凝土墙厚度(mm)	600	混凝土墙计算高度(mm)	3800
次楞间距(mm)	200	主楞间距(mm)	450
次楞布置方向	竖直方向	主楞合并根数	2
对拉螺栓横向间距(mm)	450		

2. 工艺流程

（1）安装流程

测量放线，确定池体梁、板、柱、墙位置→定位立杆，并做十字标记→竖立杆并搭设扫地杆及第一步横杆→搭设上部横杆及剪刀撑→锁梁底钢管→铺设梁底模板→板底模板铺设。

（2）拆除流程

1）柱子模板拆除

工艺流程：拆除斜撑→自上而下拆除柱箍→松动柱模→吊运模板及配件至指定地点，柱模板拆除时，要从上口向外侧轻击和轻撬，使模板松动，要适当加设临时支撑，以防柱子模板倾倒伤人。

2）梁、板模板拆除

工艺流程：拆除部分横杆→拆除梁侧模加固件→拆除侧模板→下调楼板支柱可调托撑→使模板下降→分段分片拆除楼板模板→拆除木龙骨及支柱→拆除梁底模板及支撑系统→梁底回顶。

3. 施工方法

（1）地基基础

本工程模板支架搭设所在位置为池体 1100mm 厚混凝土底板上，承载力满足要求。

（2）架体搭设

1）以池体的任意一个墙角为起始点，根据方案中立杆到墙柱面的距离用尺子设定立杆，另沿十字线或 T 字线互相垂直的两个方向立两根立杆，用所需要长度的两根横杆将三根立杆插卡连接起来，然后在四边形的第四个角立一根立杆，再用两根横杆将四根立杆插卡连接成四边形，安装三脚架时必须用榔头将插卡敲击到位，立杆和横杆未形成四边形及未调方正（即垂直度未调准以前），严禁用榔头敲击插卡。

2）按所放线的交点立一根立杆，另沿十字线或 T 字线相互垂直的两个方向立两根立杆，用所需要长度的两根横杆将三根立杆插卡连接起来，然后在四边形的第四个角立一根立杆，再用两根横杆将四根立杆插卡连接成四边形，调准后，用榔头将横杆两头的插头与立杆插座均匀敲紧，形成稳定四边形；然后沿延长线方向，按顺直和垂直方向放两根立杆，三根横杆和一根立杆，两根横杆插卡连接，然后调方正，用榔头将横杆两头的插头与立杆插座均匀敲紧。安装三脚架时必须用榔头将插头敲击到位。按上述方法完成支架的支搭。

3）支架支完后，放置早拆柱头，并使插销、托架就位，然后放上次龙骨，按传统支模方式将主龙骨和次龙骨的标高调整到所需位置。

4）主次龙骨就位后，将早拆头上的顶板高度调整到比次龙骨低 1～2mm，因木方在施工过程中会产生收缩，不可超过次龙骨木方高度，从一侧铺设模板，模板板带的方向和主楞的方向一致。

5）立杆顶端使用可调底座，可调底座与立杆一定要支实，不能出现虚支现象。

6）立杆安装时上下层对齐（保证垂直在同一中心线上），沿南北方向布置。

（3）模板制作

1）柱模板制作

①矩形柱模板制作

矩形柱模板分 4 块制作，每块模板由胶合板面板和木方按设计要求用铁钉钉制而成，模板面板的排列从柱上部向下排列，与梁交接处的凹口模板应与下段模板相连接（即取整块板材制作），便于柱梁节点模板的固定。每根柱 4 块模板制作完后进行编号。

②圆柱模板制作

圆柱模板采用定型化圆柱模板，控制标准为：模板接口处采用凸凹槽设计，严格控制模板拼缝；模板底部采用海绵条封堵，防止混凝土漏浆。

2）梁模板的制作

梁模板分一块底模板和两块侧模板制作，每块模板由胶合板面板和木方按设计要求用铁钉钉制而成，梁模板配制时，应考虑梁底模板搁置于柱模板上，现浇板底模板搁置于梁侧模板之上。当梁的跨度较大，梁模板也可分段制作，现场安装时进行拼接，但模板背面的木方应考虑错缝连接，木方不能在模板接缝处断开。每根梁的三块模板制作完后进行编号。

3）面板模板制作

制作现浇板模板，背面楞木排列方向应与钢管支撑架顶部水平杆相互垂直，木方应与模板的长边平行并侧立布置，模板长边的拼缝应位于木方之上。现浇板底模板搁置于梁侧模板上。对主规格面板材料及木方分别进行裁锯加工，分规格堆放，现场散拼装时取用，端部拼接部分随时配制、安装。

（4）模板安装

1）梁模板安装

①模板安装顺序：搭设和调平模板支架（包括安装水平拉杆和剪刀撑）→按标高铺梁底模板→拉线找直→绑扎梁钢筋→安装垫块→安装梁两侧模板→调整模板。

②按设计要求起拱（跨度大于4m时，起拱1‰），主次梁交接时，先主梁起拱，再次梁起拱。并注意梁的侧模包住底模，下面龙骨包住侧模。

③在柱子上弹出梁轴线、梁位置和水平线，钉柱头模板。

④梁底模板：按设计标高调整支柱的标高。然后安装梁底模板，并拉线找平。

⑤梁下支柱支承在基土面上时，应对基土面平整夯实，满足承载力要求，并加木垫板或混凝土垫板等有效措施，确保混凝土在浇筑过程中不会发生支撑下沉。

⑥梁侧模板：根据墨线安装梁侧模板、压脚板、斜撑等。梁侧模板制作高度应根据梁高及楼板模板确定。

⑦防止梁身不平直、梁底不平及下挠、梁侧模胀模、局部模板嵌入柱梁间、拆除困难的现象。

⑧预防措施：支模时应遵守边模包底模的原则，梁模与柱模连接处，下料尺寸一般应略为缩短。梁侧模必须有压脚板，拉线通直后将梁侧用铁钉固定。梁底模板按规定起拱。混凝土浇筑前，应将模内清理干净，并浇水湿润。

2）板模板安装

①模板安装顺序：安装"满堂"模板支架→安装主龙骨→安装次龙骨→安装柱头模板龙骨→安装柱头模板、顶板模板→拼装→安装顶板内、外墙柱头模板龙骨→模板调整验收→下道工序。

②立杆间距为1.2m×1.2m，水平杆步距为1.5m，距地300mm高度设置纵横向扫地杆，周圈连续设置斜杆。

③板模板当采用单块就位时，宜以每个铺设单元从四周先用阴角模板与墙、梁模板连接，然后向中央铺设，按设计要求起拱（跨度大于4m时，起拱2‰），起拱部位为中间起拱，四周不起拱。

④根据平面图架设支柱和龙骨。支柱排列要考虑设置施工通道。

⑤支柱间的水平拉杆和剪刀撑要认真加强。

⑥通过调节支柱的高度，将大龙骨找平，架设小龙骨。

⑦铺模板时可从四面铺起，从中间收口。楼板模板压在梁侧模时，角位模板应通线钉固。

⑧模板铺完后，应认真检查支设是否牢固，模板梁面、板面应清扫干净。

⑨防止板中部下挠，板底混凝土面不平的现象。

⑩板模板厚度要一致，搁栅木料要有足够的强度和刚度，搁栅面要平整；支顶要符合规定的保证项目要求；板模按规定起拱。

3）柱模板安装

①安装顺序：搭设模板支架→柱模安装就位→安装柱模→安设支撑→固定柱模→浇筑混凝土→拆除模板支架、模板→清理模板。

②板块与板块竖向接缝处理，应严密拼接，加贴海绵条，然后加柱箍、支撑体系将柱固定。按图纸尺寸制作柱侧模板后，按放线位置钉好压脚板再安装柱模板，校正垂直度、柱顶对角线、柱箍间距。防止胀模、断面尺寸鼓出、漏浆、混凝土不密实，或蜂窝麻面、偏斜、柱身扭曲的现象。

③预防措施：

成排柱模支模时，应先立两端柱模，校直与复核位置无误后，顶部拉通长线，再立中间柱模。板块与板块竖向接缝处理，应严密拼接，加贴胶带，然后加柱箍、支撑体系将柱固定。安装柱箍要求：柱箍选择双钢管，柱箍间距、柱箍材料及对拉螺栓直径参数按本工程要求设置。按图纸尺寸制作柱侧模板后，按放线位置钉好压脚板再安装柱模板，校正垂直度及柱顶对角线。

4）墙模板安装

①安装顺序：墙体支模工艺流程：放出墙轴线、墙边线及外控制线→墙根混凝土凿毛→焊定位钢筋→沿模板边贴海绵条→模板安装就位→安装螺栓及顶撑→校正、调整固定→模板根部塞缝→自检→预检→交接检→浇筑混凝土时钢筋模板的复查→拆模→模板清理。

②为保证墙体模板的安全稳定，采用 $\phi48$ 钢管组成多个三角支架进行支撑，可以增加钢丝绳斜拉以加强稳定性。地锚安装方法：筏板混凝土浇筑完成后，在墙两侧打孔安装。墙体模板加固支撑方法如图 3.2-11 所示。

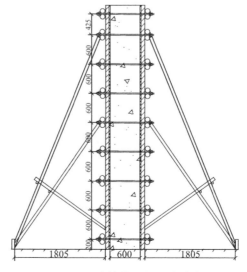

图 3.2-11　墙体模板加固支撑方法

（5）周边拉结

当柱、墙支模高度超过 5.0m 时，分两次浇筑，先浇筑柱混凝土，后浇筑梁板混凝土；为加强支模支架的稳定性，墙、柱模板拆除后，利用墙构件预埋短钢管，按水平间距 6～9m、竖向间距 2～3m 布设；用抱柱的方式，以提高支架整体稳定性和提高抵抗侧向变形能力。支撑系统拉结点大样图如图 3.2-12 所示。

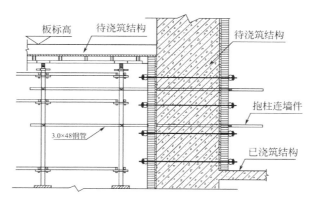

图 3.2-12　支撑系统拉结点大样图

4. 操作要求

承插盘扣式钢管支架搭设要求：

（1）施工前准备

认真收集承插盘扣式支撑的施工安全、技术交底资料。

项目部组织现场管理人员和施工人员认真学习施工图纸和建筑施工承插盘扣式钢管支架安全技术规程。

组织承插盘扣式支架的材料进场并按计划堆放。

（2）构造要求

本工程承插盘扣式模板支架的支撑最大高度为 10.3m。

立杆间距为 1.2m×1.2m，步距为 1.5m；立杆接头应采用带专用外套管的立杆对接，外套管开口朝下。

当满堂模板支架搭设高度超过 8m 时，支架架体四周外立面向内的第一跨每层均应设置竖向斜杆，整个架体底层以及顶层均应设置竖向斜杆，并应在架体内部区域每隔 3 跨由底至顶纵、横向均设置斜杆。斜杆布置示意图如图 3.2-13 所示。

模板支架应设置纵向和横向扫地杆，底部水平杆作为扫地杆距地高度不应大于 550mm，底层水平杆步距按标准步距进行设置，水平杆应纵横向与立杆连接。

支撑架沿高度每间隔 4～6 个标准步距设置一道水平剪刀撑或水平斜杆，本工程支架搭设最大高度为 10.3m，按照 4～6 个标准步距设置一道水平剪刀撑，本工程需在架体搭设高度 6～9m 处设置一道水平剪刀撑。水平剪刀撑布置示意图如图 3.2-14 所示。

盘扣脚手架可调托座伸出顶层水平杆的悬臂长度严禁超过 650mm，且丝杆外露长度严禁超过 400mm，可调托座插入立杆长度不小于 150mm。

可调托座上的主楞梁应居中，其间隙每边不大于 3mm。

支撑架可调底座丝杆插入立杆长度不小于 150mm，可调底座调节丝杆外露长度不应大于 300mm。可调托座示意图如图 3.2-15 所示。

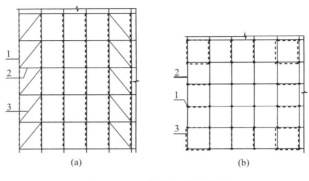

图 3.2-13　斜杆布置示意图
（a）立面图；（b）平面图
1—立杆；2—水平杆；3—竖向斜杆

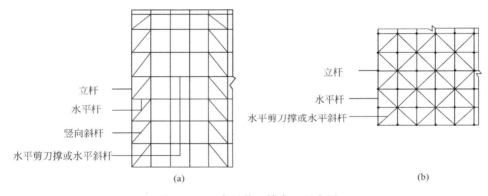

图 3.2-14　水平剪刀撑布置示意图
（a）立面图；（b）平面图

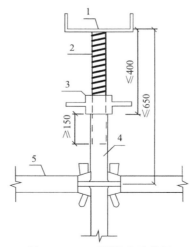

图 3.2-15　可调托座示意图
1—可调托座；2—螺杆；3—调节螺母；4—立杆；5—水平杆

3.2.3.3　混凝土工程

雨水调蓄池浇筑施工分三层浇筑，先施工筏板基础，池壁位置浇筑至底板以上 0.5m 处，再施工墙、柱、梁，最后施工顶板；底板应连续浇筑，分成三个区域，每段浇筑至设计施工缝处，施工缝位置应埋置镀锌钢板止水带（－400mm×3mm），做好结合面，横向一次浇筑到位。池壁只能留水平施工缝，位置在底板顶面标高以上 0.5m 处，所有壁板不允许留垂直施工缝；地上结构按照常规的工艺施工即可。镀锌钢板安装如图 3.2-16 所示。

图 3.2-16　镀锌钢板安装

1. 施工流程

混凝土浇筑施工流程图如图 3.2-17 所示。

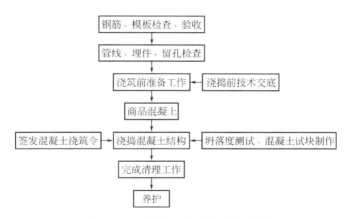

图 3.2-17　混凝土浇筑施工流程图

2. 混凝土施工方法及要点

（1）混凝土搅拌

本工程混凝土采用商品混凝土，在混凝土开盘之前及混凝土浇筑过程中安排专人在商品混凝土搅拌站对混凝土的原材料进行检查，并对混凝土的各项指标进行监督、控制。

（2）混凝土运输

1）混凝土的运输采用搅拌运输车运至现场。

2）所有车辆进行编号，混凝土运输单写明混凝土的强度等级、抗渗等级及使用部位。

3）预拌混凝土在运输过程中不允许产生分层离析。

4）预拌混凝土搅拌站应提供原材料合格证及检验报告，混凝土合格证、配合比等资料随第一辆搅拌运输车送至现场，并应随车签发《预拌混凝土运输单》，所有资料均需由驻场监理工程师盖章签字。

5）混凝土出场前和入模前均需检查验收，接料前，搅拌运输车应排净罐内积水；卸料前，搅拌运输车罐体宜快速旋转搅拌 20s 以上后再卸料。

（3）混凝土泵送

混凝土泵送机械采用 46～52m 移动汽车输送泵，直接布料混凝土以满足现场混凝土泵送和浇筑的需要。浇筑时采用汽车泵直接将混凝土输送至浇筑部位。且应符合下列规定：

1）应先输送水泥砂浆对输送泵和输送管进行润滑，然后开始输送混凝土。

2）输送混凝土应先慢后快，逐步加速，应在系统运转顺利后再按正常速度输送。

3）输送混凝土过程中应保证集料斗有足够的混凝土余量。

（4）混凝土浇筑的一般要求

1）框架柱、剪力墙在支模板之前，需要弹线、切割、剔凿浮浆，然后支设模板，并浇筑混凝土。

2）混凝土浇筑应保证混凝土的均匀性及密实性。混凝土宜一次性浇筑。

3）混凝土应分层浇筑，分层振捣最大厚度如 3.2-8 所示。

分层振捣最大厚度 表 3.2-8

振捣设备	混凝土分层振捣最大厚度
插入式振捣棒	插入式振捣棒有效长度的 1.25 倍（500mm）
平板振动器	200mm

4）混凝土浇筑布料点宜接近浇筑位置，应采取减少混凝土下料冲击的措施，并应符合下列规定：

①宜先浇筑竖向结构构件，后浇筑水平结构构件。

②浇筑区域结构平面有高差时，宜先浇筑低区部分，再浇筑高区部分。

5）柱、墙模板内的混凝土浇筑不得发生离析，浇筑倾落最大高度见表 3.2-9。

浇筑倾落最大高度 表 3.2-9

条件	浇筑倾落最大高度
粗骨料粒径大于 25mm	≤3
粗骨料粒径小于等于 25mm	≤6

6）混凝土浇筑后，在混凝土初凝前和终凝前，宜分别对混凝土裸露表面进行抹面处理。

7）柱、墙混凝土设计强度等级高于梁、板混凝土强度等级时，混凝土浇筑应符合下列规定：

①柱、墙混凝土设计强度等级比梁、板混凝土设计强度等级高一个等级时，梁、板高度范围内的柱、墙混凝土经设计单位确认，可采用与梁、板混凝土设计强度等级相同的混凝土进行浇筑。

②柱、墙混凝土设计强度等级比梁、板混凝土设计强度等级高两个等级及以上时，应

在交界区域采取分隔措施；分隔措施应在低强度等级的构件中，且距高强度等级构件边缘不应小于 500mm。

③宜先浇筑强度等级高的混凝土，后浇筑强度等级低的混凝土。

8）型钢混凝土结构浇筑应符合下列规定：

①混凝土粗骨料最大粒径不应大于型钢外侧混凝土保护层厚度的 1/3，且不宜大于 25mm。

②浇筑应有足够的下料空间，并应使混凝土充盈整个构件各部位。

③型钢周边混凝土浇筑宜同步上升，混凝土浇筑高度不应大于 500mm。

（5）混凝土的试块留置

1）每拌制 100 盘且不超过 100m³ 的同配合比的混凝土，取样不应少于一次；每工作班拌制的同配合比的混凝土，不足 100 盘时，取样不应少于一次；当一次连续浇筑的同配合比混凝土超过 1000m³ 时，每 200m³ 取样不应少于一次；每一楼层，同配合比的混凝土，取样不应少于一次；每次取样应至少留置一组标准养护试块，同条件养护试块的留置组数应根据实际需要确定；对有抗渗要求的混凝土结构，其混凝土试块应在浇筑地点随机取样。同一工程，同配合比的混凝土，取样不应少于一次，留置组数可根据实际需要确定。

图 3.2-18　混凝土试块制作

2）冬期施工时，掺有外加剂的混凝土，还应留置与结构同条件养护的试块，用以检验受冻临界强度，及与结构同条件养护 28d 后转换标准养护 28d 后试压而留置的试块。

3）用于结构实体检验的同条件养护试块应符合：对混凝土结构工程中的各混凝土强度等级，均应留置同条件养护试块；同一强度等级的同条件养护试块，其留置的数量应根据工程量和重要性确定，不宜少于 10 组，且不应少于 3 组。

4）抗渗混凝土试块应满足：连续浇筑的抗渗混凝土每 500m³ 应留置一组抗渗试块（一组为 6 个抗渗试块），且每项工程不得少于两组；采用预拌混凝土的抗渗试块，留置组数应视结构的规模和要求而定；混凝土的抗渗性能，应采用标准条件下养护混凝土抗渗试块的试验结果评定；冬期施工检验掺用防冻剂的混凝土抗渗性能，应增加留置与工程同条件养护 28d，再转标准养护 28d 后进行抗渗试验的试块。留置抗渗试块的同时需留置抗压强度试块并应取自同一盘混凝土拌合物中。取样方法同普通混凝土，试块应在浇筑地点制作。

5）抗渗性能试验应采用顶面直径为 175mm、底面直径为 185mm，高度为 150mm 的圆台试块，抗渗试块以 6 个月为一组；试块成型后 24h 拆模，用钢丝刷刷去上下两端面水泥浆膜，然后进入标准养护室养护。标准养护 28d 抗渗试块，应在 28～90d 龄期范围内进行试验，与工程同条件养护 28d 转标准养护 28d 的抗渗试块应在 56～90d 龄期范围内进行试验；抗渗混凝土的稠度试验与普通混凝土的稠度试验相同，每工作班至少进行两次，抗渗混凝土的抗压强度检验，同普通混凝土的抗压强度检验。

（6）筏板混凝土施工

雨水调蓄池筏板分三段浇筑，本工程基础底板厚 1.1m，分三层浇筑，采用全面分层浇筑方法。要做到最上层混凝土浇筑完毕后再浇筑最下层时，最下层混凝土还未初凝，如此逐层推进，直至整个底板浇筑完毕。

1）第一段浇筑Ⅰ区筏板混凝土，纵向浇筑至Ⅰ区、Ⅱ区伸缩缝处，横向一次连续浇筑，池壁位置浇筑至底板以上 0.5m 处，施工缝位置应埋置镀锌钢板止水带（一400mm×3mm），做好结合面，浇筑混凝土时必须清除结合面处钢筋和混凝土表面的水泥及混凝土残渣，采用纯浆结合；Ⅰ区筏板剖面图（第一段浇筑）如图 3.2-19 所示。

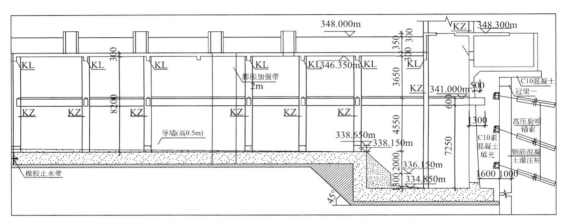

图 3.2-19　Ⅰ区筏板剖面图（第一段浇筑）

2）第二段浇筑Ⅱ区筏板混凝土，纵向浇筑至与Ⅰ区、Ⅲ区伸缩缝连接处，横向一次连续浇筑，池壁位置浇筑至底板以上 0.5m 处，施工缝位置应埋置镀锌钢板止水带（一400mm×3mm），做好结合面，浇筑混凝土时必须清除结合面处钢筋和混凝土表面的水泥及混凝土残渣，采用纯浆结合；Ⅱ区筏板剖面图（第二段浇筑）如图 3.2-20 所示。

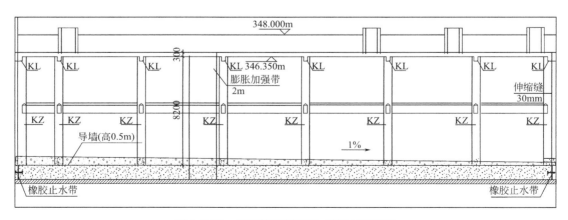

图 3.2-20　Ⅱ区筏板剖面图（第二段浇筑）

3）第三段浇筑Ⅲ区筏板混凝土，纵向浇筑至与中段伸缩缝连接处，横向一次连续浇筑，池壁位置浇筑至底板以上 0.5m（标高 338.650m）处，施工缝位置应埋置镀锌钢板止水带（一400mm×3mm），做好结合面，浇筑混凝土时必须清除结合面处钢筋和混凝土表面的水泥及混凝土残渣，采用纯浆结合；Ⅲ区筏板剖面图（第三段浇筑）如图 3.2-21 所示。

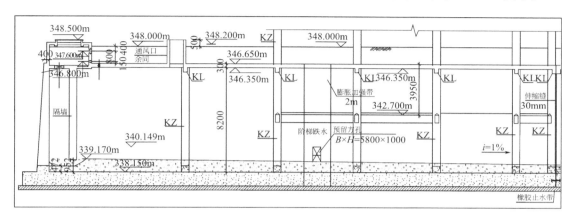

图 3.2-21　Ⅲ区筏板剖面图（第三段浇筑）

4）浇筑方案应根据整体性要求、结构大小、钢筋疏密、混凝土供应等具体情况确定，基础底板混凝土施工时按照已确定好的流水段进行，混凝土浇筑应一次性浇筑完成，不留施工缝。

5）混凝土的振捣工作应从浇筑层的下端开始，逐渐上移，以保证混凝土施工质量。浇筑采用斜面分层浇筑的方法，也可采用全面分层、分块分层浇筑的方法，层与层之间混凝土浇筑的间歇时间应能保证整个混凝土浇筑过程的连续。混凝土分层浇筑应自然流淌形成斜坡，并沿高度均匀上升，分层厚度不大于400mm。

6）混凝土振捣设备采用插入式振捣棒，现场用 10 台 ϕ50 低噪声插入式振捣棒。

7）混凝土振捣时，振捣棒与水平面的角度大约 60°，棒头朝向前进方向，移动间距宜在 400mm 左右；要防止漏振，振捣时间以混凝土表面翻浆冒出气泡为宜。

8）混凝土表面边振捣边按标高线进行抹平。混凝土表面尽量平整，以保证结构尺寸、标高的正确性和下道工序的顺利进行。

9）底板商品混凝土强度等级为 C30，抗渗等级为 P8，抗冻等级为 F15，坍落度为 16～18cm，粗骨料粒径不应大于 40mm，且不超过最小断面的 1/4，含泥量按重量计不超过 1%，并掺入防水密实剂、缓凝剂、减水剂，超长结构应添加微膨胀剂，以保证底板混凝土的各项性能指标。尽量降低混凝土配合比中的用水量和水泥用量。

（7）墙体及柱混凝土施工

1）支设模板前先在墙体边线弹线、切割，并别除混凝土浮浆，漏出石子；浇筑时采用分层浇筑、分层振捣的方法。本工程主要使用的是 ϕ50 插入式振捣棒，分层厚度控制在 50cm（每层混凝土厚度不超过插入式振捣棒有效长度的 1.25 倍）；洞口浇筑混凝土时，应使洞口两侧的混凝土高度大体一致，以防侧压力不一，扰动洞模；在洞模下部留置透气口，方便模内气体的排出，对于墙体洞口底部混凝土，当洞口宽度大于 1000mm 时，在洞口底模上开 150mm×150mm 门子板进行振捣；当洞口宽度大于 1500mm 时，必须在洞口底模上开 200mm×200mm 门子板进行振捣，振捣密实后将门子板封盖；加强洞口两侧混凝土振捣。

2）采用插入式振捣棒振捣时，要快插慢拔，每一插点要掌握好振捣时间，使混凝土表面呈水平，无大量气泡上返，不再显著下沉，以表面浮出灰浆为准；振捣棒插入间距 40cm 左右，以防止漏振；上层混凝土振捣要在下层混凝土初凝之前进行，并要求振捣棒插入下层混凝土 5cm，以保证上下层混凝土结合紧密；边角暗柱处的振捣应多加注意。振捣时应尽量避免碰撞钢筋、预埋件等。

3）混凝土的自由下料高度不能超过 2m，超过 2m 时设橡胶软管。

4）柱、墙混凝土一次浇筑到梁底，并比梁底高 20mm，在混凝土初凝前将其上表面浮浆清除，在终凝前剔除松散的混凝土裸露石子；其上部混凝土随梁板一起浇筑。

5）墙、柱混凝土标高的控制：在墙、柱钢筋上标出 50cm 控制线进行控制。

6）混凝土终凝前对柱子插筋位置进行复核，发现位移倾斜应及时纠正，并用木抹子按标高线将表面混凝土找平。

（8）梁、板混凝土施工

1）梁、板混凝土浇筑时，先浇筑梁混凝土至板底，停滞 30min 后，再浇筑板混凝土。

2）梁、板混凝土采取分段浇筑，梁、板混凝土的接槎留置在楼板跨中 1/3 处，用混凝土快速收口网封堵，混凝土终凝后及时凿毛清理。

3）标高控制：水准仪抄平，用红漆标在墙柱钢筋上，拉线控制板顶标高，并制作与楼板相同厚度、相同强度等级的标准试块，刮尺找平，或制作"十"字形钢钎，钢钎底部至横撑高度与楼板厚度相同，以确保浇筑完成后混凝土楼板厚度符合设计图纸要求。

4）浇筑板混凝土时，混凝土的虚铺厚度略大于板厚；并及时采用振捣棒振捣密实，振捣完成后先用长刮尺刮平，待表面收浆后，用木抹子搓压表面，在终凝前再进行搓压，要求搓压 2～3 遍，最后一遍抹压要掌握好时间，以终凝前为准，终凝时间可用手压法把握。

5）梁柱节点钢筋较密，可采用 $\phi30$ 的插入式振捣棒振捣，并准备一些小钢钎人工辅助振捣。

6）浇筑梁混凝土时，需剔除梁窝处混凝土浮浆，然后浇筑混凝土。（注：梁窝部位采用聚苯板外部包裹透明胶带进行留置，待混凝土终凝之后，取出聚苯板）

（9）混凝土振捣

1）混凝土振捣采用插入式振捣棒，施工时做到快插慢拔；在振捣过程中，宜将插入式振捣棒上下略为抽动，使上下振捣均匀，确保振捣密实，插入式振捣棒插点布置图如图 3.2-22 所示。

2）混凝土分层浇筑时，每层混凝土厚度不超过 500mm；在振捣上一层时，插入下层 50mm 中，消除两层之间的接缝，在振捣上层混凝土时，要在下层混凝土初凝之前进行。

3）每一插点要掌握好振捣时间，过短不易捣实，过长可能引起混凝土产生离析现象；每点振捣时间为 30s，最短不少于 10s，应使混凝土表面呈水平，不再显著下沉，不再出现气泡，以表面泛出灰浆为准；插入式振捣棒插点要均匀排列，以免造成混乱而发生漏振；每次移动位置的距离不大于插入式振捣棒作用半径的 1.5 倍，插入式振捣棒作用半径为 300mm；振捣棒使用时，振捣棒离模板的距离不大于振捣棒作用半径的 0.5 倍，即 150mm，不宜紧靠模板振动，且应尽量避免碰撞钢筋、预埋件。

4）特殊部位的混凝土应采取下列较强振捣措施：

①宽度大于 0.3m 的预留洞底部区域，应在洞口两侧进行振捣，并应适当延长振捣时间；宽度大于 0.8m 的洞口底部，应采取特殊的技术措施。

②后浇带及施工缝边角处应加密振捣点，并应适当延长振捣时间。

③钢筋密集区，应选择小型振动设备辅助振捣，加密振捣点，并应适当延长时间。

④梁柱及梁底部位要用 $\phi30$、$\phi50$ 插入式振捣棒振捣密实，振捣时不得触动钢筋和预埋件。

⑤梁、柱节点钢筋较密时要用小直径振捣棒振捣，并加密振捣点。

⑥池壁洞口两侧混凝土高度保持一致，必须同时浇筑，同时振捣，以防止洞口变形，大洞口下部模板开口补充振捣后封闭洞口留设透气孔；振捣棒不得触动钢筋和预埋件，除上面振捣外下面要有人随时敲打模板检查是否漏振。

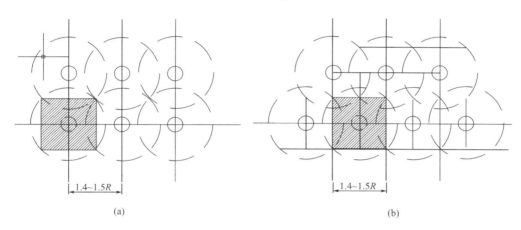

图 3.2-22　插入式振捣棒插点布置图
（a）行列式；（b）交错式

3. 泌水处理

混凝土浇筑之后到开始凝结期间，由于骨料和水泥浆下沉，水分上升，在已浇筑混凝土表面析出水分，形成泌水，使混凝土表面的含水量增加，产生大量浮浆，硬化后使面层混凝土强度低于内部的混凝土强度，并产生大量容易剥落的"粉尘"，混凝土在采用分层施工浇筑工艺时，必须清除泌水和浮浆，否则会严重影响上下层混凝土之间粘结能力。影响钢筋和混凝土握裹强度，产生裂缝。大体积混凝土基础底板在浇筑振捣过程中，可能会产生大量的泌水，由于混凝土为一个大坡面，泌水延坡面流至坑底，随着混凝土浇筑向前渗移，最终集中在集水坑顶端排除，当混凝土大坡面的坡角接近顶端模板时，改变浇筑方向，从顶端往回浇筑，与原斜坡相交成一个集水坑，并有意识地加强两侧模板处的混凝土浇筑强度，使集水坑逐步在中间缩小成水潭，使最后一部分泌水汇集在上表面，派专人用泵随时将积水抽出，并用扫帚将混凝土表面浮浆清除。不断排除大量泌水，有利于提高混凝土的质量和抗裂性能。

4. 混凝土面层处理

当大体积混凝土按基准标高面浇筑完成一定数量后，在混凝土初凝前，用铝合金长刮尺将混凝土表面刮平，铁抹子搓平压实，这是第一遍。第二遍待收水后，基础表面沿钢筋位置出现收水裂缝，用木抹子揉搓，闭合收水裂缝。第三遍在混凝土终凝前，用铁抹子对混凝土面层进行压光处理。混凝土面层收光后及时进行保温覆盖。

5. 混凝土施工缝留置

（1）施工缝留置

底板应连续浇筑，不留施工缝；池壁原则上不留施工缝，施工中若必须留设时，只能留水平施工缝，位置在底板顶面标高以上0.5m处，所有壁板不允许留垂直施工缝。

（2）施工缝处理

施工缝位置应埋置镀锌钢板止水带（—400mm×3mm），做好结合面。浇筑混凝土时需清除结合面处钢筋和混凝土表面的水泥及混凝土残渣，采用纯浆结合。

（3）墙、柱水平施工缝处理

1）底部施工缝处理：先剔除浮浆，露出石子，沿墙、柱外尺寸线向内5mm切齐，保证混凝土接缝处的质量，并加以充分湿润和冲洗干净，且不得积水。

2）顶部施工缝处理：混凝土浇筑时，高于梁底20mm；模板拆除后，弹出梁底控制线，并将控制线以上的混凝土软弱层剔掉露出石子，清理干净。

3）有防水要求部位施工缝的处理可根据设计要求进行相应的调整。

（4）施工缝处混凝土浇筑

1）结合面应为粗糙面，并应清除浮浆、松动石子、软弱混凝土层。

2）结合面应洒水润湿，但不得有积水。

3）施工缝处已浇筑的混凝土的抗压强度不应小于1.2MPa。

4）柱、墙水平施工缝水泥浆接浆厚度不应大于30mm，接浆层水泥浆应与混凝土浆液成分相同。

6. 高温天气混凝土浇筑控制措施

（1）原材料控制

1）选用集配良好的骨料，全部搭设遮阳棚进行遮阳，减少阳光直射，以达到降低骨料温度的目的。

2）选用水化热较低的硅酸盐水泥作为混凝土的胶凝材料，并掺入适量高效缓凝减水剂，减缓混凝土硬化时间，降低早期水化热。

3）采用冷水拌和，必要时在拌和用水里加入冰块，以减少拌和用水的温度。

（2）混凝土生产和运输控制

1）严格控制混凝土的出机口温度，派专人每盘检测混凝土的坍落度，对于不合格的混凝土坚决不用，对运输混凝土的搅拌运输车设置保温隔热罩。

2）随时维护施工路线，保证运输路线畅通，无堵塞，无坑坑洼洼，缩短混凝土的运输时间。

（3）混凝土现场浇筑控制

1）根据天气预报，合理安排施工时段，安排在早晚、夜间进行浇筑，一般情况下浇筑时间控制在下午4点至第二天早上9点。

2）混凝土拌和采用冷水拌和的同时，在设计要求允许的坍落度范围内，采用数值较大的坍落度。

3）缩短混凝土运输及等待卸料时间；入仓后及时进行振捣，加快覆盖速度，缩短混凝土暴露时间。

4）加强二次抹面的施工，以减少早期裂缝。

5）混凝土终凝后安排专人定期定时浇水养护，及时使用塑料薄膜进行覆盖，保证混凝土处于充分的湿润状态，防止混凝土表面产生干缩裂缝。

7. 混凝土养护

本工程混凝土养护采用表面覆盖塑料薄膜，洒水养护。洒水次数应使混凝土表面保持湿润状态，白天 1～2h 一次，晚上 4h 一次。

混凝土养护应符合以下规定：

1）混凝土的养护时间不得少于 7d。

2）后浇带混凝土的养护时间不少于 14d。

3）池壁和上部结构首层墙、柱，宜适当增加养护时间。

4）当日最低温度低于 5℃时，不应采用洒水养护。

5）池壁和上部结构首层柱、墙混凝土带模养护时间不得少于 3d。

6）混凝土强度达到 1.2MPa 前，不得踩踏、堆放物料等。

3.2.3.4 防水工程

1. 水泥基渗透结晶型防水涂料施工方法

工艺流程如下：

基面清理、润湿→配置涂料→涂刷水泥基渗透结晶型防水涂料→检查、修整、养护→质量验收。

（1）基层要求

清除基层表面杂物、油污、砂子，凸出表面的石子、砂浆疙瘩等应清理干净，基面必须要平整、牢固、干净、无明水，凹凸不平及裂缝处必须先找平，清扫工作必须在施工中随时进行。

为保证涂膜牢固粘结于基层表面，要求找平层应有足够的强度，表面光滑，不起砂，不起皮。对基层含水率无要求，下雨天不得施工，过于干燥基面要先喷水润湿后再施工。阴阳角应抹成圆弧角。

（2）施工做法

确保基层表面平整、结实、洁净、无油污、无粉尘及其他污染物；干燥基层表面需提前湿润并扫除明水。将粉料倒入盛有清水的容器中，采用电动搅拌器充分搅拌至均匀，静置数分钟后，稍加搅拌即可使用。

按照产品技术说明书中的指导比例进行兑水。用毛刷、橡皮辊或辊筒在处理过的基层上分层涂刷，不可漏刷。一般情况下，第一道涂刷后干燥 3～4h 后方可进行第二道涂刷，第二道涂刷方向应与第一道涂刷方向交叉进行。第一道涂层干涸后，方可进行后续的施工。

（3）注意事项

配好的渗透结晶型防水涂料不要反复搅拌，每次配料不宜太多，应在 20min 内用完；

5℃以下不宜施工；内墙防水施工须搭设脚手架进行辅助施工；施工人员须佩戴安全带、安全帽等做好相应安全保护措施。该材料为非装饰性材料，如果需要在其上面行车走人，则需要加铺保护层。

图 3.2-23　搅拌聚合物防水涂料

2. JS 防水涂料施工方法

（1）基层表面处理：用铁铲、扫帚等工具清除施工垃圾，如遇污渍需用溶剂清洗。

防水涂料的配制：将粉料慢慢加入液料中，同时开动电动搅拌器充分搅拌至均匀，搅拌时间约 5min。搅拌聚合物防水涂料如图 3.2-23 所示。按规定配比液料和粉料。如施工时需加水稀释，加水量不得大于液料的 10%。用搅拌器搅拌至均匀细微，不含团粒的混合物即可使用，配料数量根据工程面和完成时间所安排的劳动力而定，配好的材料应在 30min 内用完。

（2）按设计或规范要求对节点部位进行加强处理，节点加强处理如图 3.2-24 所示。地下室加强层宽度宜为 300～500mm，厨卫间加强层宽度宜为 300mm，屋面加强层宽度宜为 500mm。

图 3.2-24　节点加强处理

（3）大面涂刷聚合物水泥基防水涂膜，具体操作如下：先将按要求配合比搅拌均匀的涂料倒在已清理干净的基层表面上，涂刷均匀使之充分渗透到表层，密实毛孔。分层（纵横向交叉）涂刷至设计厚度，前一遍涂层干燥成膜后，涂刷下一遍。分层涂刷时应注意用力适度，不漏底、不堆积。

（4）涂膜涂刷时要顺着一个方向一次施工，最后一遍应抹平压实。施工完毕后应及时检查，发现表面有孔洞或裂缝应重新涂刮、修补。

（5）同层涂膜的先后搭压宽度宜为 30～50mm；注意保护防水层的施工缝（甩槎），搭接缝宽度应大于 100mm，接涂前将其甩槎表面处理干净。

（6）防水层的修整：如有气孔吹干净杂层，增强涂刷、加抹。起鼓时，把鼓位割开，排出潮气，干燥后分几次涂抹。破损时，涂膜未干严禁站人，防止尖物、重物损坏防水层，如有发生应增强涂刷。防水层涂刷如图 3.2-25 所示。

图 3.2-25　防水层涂刷

（7）节点做法：

1）细部节点可采用防水砂浆对阴阳角部位做圆弧处理。

2）细部节点应多遍涂刷，如有需要可增铺一层胎体增强材料，搭接宽度不低于 100mm。

3）穿墙管道涂刷宽度为 100mm，立面涂刷宽度为 150mm，阴阳角两侧各 150mm。

3.3　盛水构筑物工程（改建）

3.3.1　工程概况

CASS 池改造是在原结构基础上进行结构及工艺改造，需要在保留池体外部结构的前提下，改造内部结构以满足工艺需要。

3.3.2　施工流程

排水清泥→设备拆除→静力切割→植筋→钢筋绑扎→模板安装→混凝土施工→模板拆除→防水涂料施工。

3.3.3　施工方法

3.3.3.1　排水清泥

1. 主曝气区排水清泥

（1）观察池内原有设备运行情况，一般会有以下三种情况：

1）所有设备运行良好，曝气系统、剩余污泥泵等设备均无故障，正常运转。

2）曝气系统运行正常，无破损或仅有少量破损，剩余污泥泵无法运行。

3）曝气系统破损严重，多处管道破损，大面积曝气盘无法正常运转，剩余污泥泵运转正常。

（2）针对上述三种情况可采取不同的处理方法：

1）当设备均运行良好的情况下，第一步，我们通过滗水器将池内上清液滗水至最低液位，然后打开曝气系统，通过剩余污泥泵将泥水排至储泥池，整个过程曝气系统需要全程打开；第二步，当液面降至曝气盘上方时关闭曝气系统，采用清水冲洗的方式，清理曝气管道及曝气盘上方无法流动的污泥，通过剩余污泥泵排走，在此过程中，应在剩余污泥泵坑周围设置两道拦截网，防止沉底的杂物吸进泵中造成损坏，影响排水效果；第三步，清理完成曝气管道上的污泥后，曝气管道全部外漏，采取人工拆除的方式，对曝气管道（CASS池曝气管道为塑料管道）进行拆除（如曝气管道是钢管，应将曝气管道底部污泥也清理干净）；第四步，采用人工方式将流动性较差的污泥稀释，然后用扫把将泥水推至泵坑通过剩余污泥泵抽走；第五步，将履带附着胶垫的挖掘机吊运至池内，清理固定曝气管道的托盘及膨胀螺栓，并将无法通过水泵抽走的杂物集中吊运至池体外部进行清运处理。

2）当曝气系统完好，剩余污泥泵无法正常工作时，我们需要选择一款适合的水泵替代剩余污泥泵的作用，目前看，一般市面上的污泥泵均可以进行替代，排水方量为 $100\sim150m^3$，主要是满足冲洗，使进水和出水相对平衡，出水量可适当略大于进水量，这样能够更好地满足泥水在池内的流动性，保持冲洗的连续性，排水水泵管道建议采用硬质管道，普通的消防水带管道在接头处会产生漏水，甚至崩开，造成污泥外流，尤其是管道转弯处承受的压力特别大，开泵时的冲击力，普通的喉箍很难承受，如果采用高压泥浆橡胶水带，建议接头位置采用重型管卡，且加设两道，防止崩开。

3）当曝气管道破损严重，曝气系统工作不正常时，会产生池内污泥无法通过曝气系统，然后排出大量的污泥沉积在池体底部，施工人员无法进入池内施工，这种情况我们可以提前准备好更多的清洗泵，当池内水位排至最低液位后，会发现池体内部沉积大量无法流动的污泥，尤其是曝气管损坏的区域，泥层太厚人员无法进入，用清水管在池顶将剩余污泥泵周围的泥层进行冲洗，冲出一片区域后人员进入池内，从泵坑周边向外开始冲洗污泥并排走，同时可在池顶部四角向池内注水，通过水流带走部分污泥减轻泥层厚度，加速清理进度，后续清理工作与上面相同。

2. 预反应区清理

预反应区清理是整个清池过程最难的一部分，由于长时间没有清理，里面沉积物较多，并含有絮状杂物，像麻、头发丝一样的东西，成团后极难拉扯撕断，普通污水泵会经常出现堵泵现象，给清理工作造成极大困难，在水泵选用上应该更倾向选择大方量、具有搅碎功能叶轮的离心水泵，因为水泵方量大进水口就大，吸力更好，锋利的叶轮不容易被杂物卡死，可减少修泵时间。

预反应区清理的施工过程：第一步，确认进水闸板是否已经关闭，安放好水泵并接好临时用电。第二步，开始抽排工作，抽至水泵抽不动为止。第三步，准备清水泵在池体顶部对池体内底部沉积污泥开始冲洗，边冲洗边排水。把水位排至50cm以下时，可安排施工人员穿好防护用品进入池内，开始人工冲洗，通过人工冲洗让池体底部沉积的污泥流动起来，然后通过水泵抽走。第四步，冲洗完成后，通过一台小泵将池底清液排走，再将池内无法流动抽排的杂物，通过吊车转运至池外拉走清运。

3. 经验教训

（1）水泵选型：清理预反应区时，我们先采用 100m³ 潜水排污泵进行抽排，开始时发现里面有杂物容易堵泵，但是维修的频率还可以接受，抽到距离底面约 1.5m 位置时，堵泵现象越发严重，甚至不到 1min 就堵泵，加水进行稀释再抽，也未见效果，抽到 1.5m 位置时情况还是一样，经现场反复研究更换水泵，到市场上去考察也没有合适的水泵，因为需要达到两个标准，一是进口够大，能吸走杂物；二是叶轮可以打碎这些杂物不会被卡死，后来经人提醒向采砂场租借了一台采砂用的水泵，才解决了这个难题。

（2）水管安装：CASS 池排水清泥施工过程中采用过三种形式的排水管道，下面给大家分享一下利弊：第一种是消防龙带，优势是价格便宜安装方便，缺点是容易损坏造成漏水，尤其是龙带扣环位置无法长时间承受压力，容易崩开，抽泥水时压力大，更换维修耗费时间长，适合用作清水冲洗使用。第二种是高压橡胶泥浆带，优势是橡胶材质的弹性比较好，能很好地抵抗水压，且耐磨性比消防龙带好，缺点是管与管连接需要金属管接头，安装时间较长，需要采用重型管卡进行加固，否则接头处容易崩开，如果崩开，维修时间会更长，适合用于运输距离不长且不用担心崩开后散落的泥浆难以清理的部位。第三种是钢管，优势是一次安装检查完成后不用进行维修更换，过程中不用担心漏水等问题，可重复利用的次数多且没有损耗，使用后残存价值比较多，缺点是成本比较高，安装换装时间较长，适合稳定施工一定时间的部位。

（3）曝气区清理：避免人为造成池内产生大量碎片垃圾等杂物，造成排水清泥困难，尽量采用人工清理的方式进行，CASS 池改造过程中，为了加快清理曝气管进度，直接用挖掘机拆除曝气管，发现挖掘机压过的地方曝气管碎裂后产生大量碎片，通过水流不断向泵坑里面淤积，造成堵泵，难以清理，原本是想节省时间，最后反倒因为清理水泵耽误了时间，最好等曝气管拆除完成后，大部分泥浆已被抽走后再进入清理附着的托盘和膨胀螺栓。

施工过程如图 3.3-1～图 3.3-4 所示。

图 3.3-1　现场涡流泵安装

图 3.3-2　池体改造曝气管拆除

图 3.3-3　水泵滤网安装　　　　　　图 3.3-4　池体改造污泥清理

3.3.3.2　静力切割

1. 静力切割工艺简介

混凝土静力切割是采用水冷却金刚石轨道切割机对混凝土进行静力切割拆除，施工速度快无噪声、无振动、质量好，对建筑结构没有影响。根据设计要求，对于需要拆除的梁板墙体等结构应采用无振动无损伤的静力切割工艺。因此在本工程的施工中采用绳锯进行切割拆除。

走道板静力切割如图 3.3-5 所示。

图 3.3-5　走道板静力切割

2. 静力切割施工流程

切割定位、放线→钻工艺孔（起吊孔）→切割→切块起吊→清运到指定地点。

3. 施工准备

（1）施工技术准备

1）熟悉图纸、规范、施工方案等技术文件，根据施工图纸及方案到现场对需要进行切割的部位进行复核，确认混凝土墙体实际尺寸。

2）对施工人员进行安全技术交底。

（2）机具准备

需准备的机具设备如表 3.3-1 所示。

机具设备

表 3.3-1

序号	设备名称	单位	数量
1	空压机	台	1
2	绳锯	台	1
3	液压钳	把	2
4	水钻	台	2
5	吊车	辆	1
6	移动式门架	副	2
7	捯链	套	1

（3）施工现场准备

1）静力切割所需要的水源需引至施工作业面附近，或者采用水箱的方式提前准备好施工用水。

2）施工电源应引至施工作业区域附近，并采取三级保护措施。

3）检查吊车停放位置周边环境，把影响起吊作业的障碍物提前进行清理，并检查地面以下是否有管线，并提前做好加固处理。

4）施工区域设置硬质封闭围挡及醒目警示标志，围挡高度不应低于 1.8m，非施工人员不得进入施工区域。

5）检查建筑内各类管线情况，确认全部切断后方可施工。

6）清理作业面需要切割混凝土面层的附着物，使作业面不要有块状物等建筑垃圾，并检查施工作业范围内场地是否满足施工需要，并清理干净。

（4）测量放线

根据图纸和方案进行测量放线，在结构上画出所需要切割混凝土块的大小，放线的同时要对确认过的切割位置进行打孔施工，切割孔及吊装孔应按照放线位置准确打孔。

（5）机具定位

根据测量放线位置确定切割方向、切割线路，对切割设备进行有效定位，并对切割墙板下落部位，事先用吊链对墙板进行吊装，不能让切割后的墙板直接落在地面上，切割机轨道应稳固固定在地面上，切割方向应能满足吊装需求。

（6）切割施工

1）开机前检查动力线缆和控制线缆是否正常，保护接地是否接好，防护装置是否有松动。

2）将绳锯穿过切割孔并进行连接，检查确认连接牢固后，开机试切，检查是否有卡顿。

3）将冷水管放置切割部位，确保水能流到绳锯上并进行固定。

4）人员撤离绳锯附近，保持安全距离，严禁站在绳锯上方后部，操作人员应距离绳锯 5m，站在绳锯侧面进行操作。

5）启动绳锯进行切割施工，施工过程中如果需要调整冷水管位置时，应关闭设备，待调整好后，人员撤离方可启动施工。

6）切割即将完成时减缓绳锯转速，缓慢切断避免绳锯线绳弹开。

7）切割完成后，吊车缓慢起吊，注意检查是否有卡顿现象，发现问题及时调整方向。

8）切割工作由切割班组人员连续进行。

（7）切块清运

先将切块运至待转区域存放，并打好吊装孔，然后利用吊车转运至结构外部材料存放区进行外运处理。

（8）施工注意事项

刚开始混凝土切割时，由于两侧有原结构，通常我们会采取直上直下的切割方式，但在切割过程中由于其他原因难免会产生不直的情况，造成混凝土切割完成后下落过程中损伤线绳，因此切割时绳锯应朝混凝土下落方向成2°～4°夹角，八字形切割，避免混凝土下落过程中挤压摩擦造成绳锯损伤。

（9）拆除及拆除后的安全防护措施

对梁板、墙体进行切割开洞的部位，开洞前，必须做好构件的卸荷支撑，以确保结构体系的安全，同时在开洞下方搭设操作脚手架，并加安全网二层，以防开洞时的混凝土渣块直接落在下层楼板上。拆除后的安全措施如下：

1）拆卸下来的各种材料应及时清理运走，来不及运走的要按品种、类别堆放在平整的地面上，高度应符合安全规定，并留有一定的间距，防止倒塌伤人。

2）堆放拆除的材料场地，要设专人看管，加强治安保卫。禁止外来人员特别是小孩入内玩耍。严禁烟火，配有一定的消防器材，以防万一。

3）对于拆除生产、使用、储存危险物品场所的物料、器材、设备，不要与一般物料混杂存放，或放置到安全场所，或采取清洗措施，或安全销毁。

4）拆除的区域，对电线、煤气管道、上下水管、供热设备管道等干线再进行一次检查，以防留下隐患，并要设明显标记。

5）在保证安全的前提下，拆除工程的施工要和新建工程的施工相互衔接好。拆除场地在全部清理出场料后，再按照施工要求进行新的工程建设。

总之，保障拆除工程的施工安全，必须坚持以人为本、安全第一的方针，建立健全拆除的责任制度和群防群控制度，这样才能万无一失，防患于未然。

3.3.3.3 植筋

1. 植筋施工程序

画线定位→凿毛→钻孔→清除孔尘→灌注结构胶→钢筋处理→植入钢筋→养护固化→质量检验。

（1）画线定位

根据设计图纸中植筋位置，用墨线或直尺画出纵横线条。

（2）凿毛

利用切割锯沿墨线画出的纵横线条切割3～5cm的切割缝，再利用风镐将线条内混凝土保护层凿除拉毛，凿除拉毛如图3.3-6所示。

（3）钻孔

钻孔一般要垂直于混凝土构件平面，倾斜度不大于8°（特殊要求除外）。

（4）清孔除尘

清孔方法：采用高压气枪冲洗，将孔内粉尘吹出。

（5）灌注结构胶

1）配制比例：该胶为双组分，A 组分：B 组分＝4：1（重量比），误差不得超过 3％。

2）搅拌：首先分别将 A、B 组分胶搅拌均匀，然后按比例配备，设专人搅拌，最少搅拌 5min，一定要搅拌均匀（见使用说明）。

3）注入胶：用专用工具将搅拌好的胶注入清洗过的孔内。

4）配胶、注胶、插筋必须流水作业，连续进行。

（6）钢筋处理

1）植筋长度的确定：根据现场实际情况，采用 100％搭接的形式进行，因此植筋高度统一为 1m，这样既能保证植筋的质量，又能保证植筋的进度。

2）钢筋表面处理：用电动钢丝刷或人工钢丝刷，清除钢筋表面的锈蚀，并用丙酮或酒精清除钢表面油污及灰尘。

（7）植入钢筋

1）将处理好的钢筋，植入灌注结构胶的孔内。

2）养护固化：钢筋植入定位后应加以保护，防止碰撞和移位，保持 3d，待结构胶固化。植筋如图 3.3-7 所示。

图 3.3-6　凿除拉毛　　　　　　　　　　　　图 3.3-7　植筋

（8）植筋验收

植筋验收分批次进行，满足一个检验批后，通知监理及检测单位，到现场进行拉拔试验，试验合格后已经完成的部分方可进行下道工序施工。

2. 注意事项

（1）在高空作业且所钻孔径不小于 18mm 时，必须两人同时操作电锤，并且系好安全带。

（2）钻孔过程中经常会遇到钢筋，如遇到钢筋应立即停止，重新更换孔位。

（3）孔内如遇下雨进水，必须用棉纱吸干浸水，并且用加热管烘干，方可注胶插筋。

（4）钻孔时进度不宜太快，以免钻头发热影响钻孔周围混凝土强度或损坏钻机。

（5）植筋为后锚固方式，与先锚固相比，锚固钢筋与握裹层混凝土间的状态具有以下不利因素：

1）植筋时的钻孔会对周围混凝土造成一定的损害。

2）清孔不干净会使结构胶与混凝土之间的粘结力显著下降。

3）植筋操作中注胶不饱满使实际锚固深度降低。

4）温度、湿度、振动等条件对结构胶耐久性有不利影响。

5）结构胶本身的质量稳定性问题。

3. 安全防范措施

（1）剔凿钻孔的施工人员应配备好安全防护用品，尤其是护目镜，防止飞溅的混凝土块伤人，其周边 3m 应设置隔离带，严禁靠近，如果有人靠近应停止作业。

（2）登高作业佩戴安全带，施工作业平台搭设应规范。

3.3.3.4 钢筋工程

1. 概述

CASS 池改造的钢筋工程主要是在原池体内部新建 8 个小池子，作为多段多级 A/O 处理的工艺需要，属于结构改造的范畴，因此与原池体连接，多采用植筋的形式进行锚固安装，为了避免钢筋焊接对植筋胶锚固效果产生不利影响，与设计及专家多方讨论采取搭接方式进行绑扎，新建结构内壁分为直行墙与弧形墙两种形式，上部结构由走道板、梁和管沟组成。

2. 钢筋加工

钢筋加工要求：

1）除锈

HPB300 级钢筋采用无延伸功能的调直机，通过调整挤压的方法除去表面浮锈；HRB335、HRB400 级钢筋表面的浮锈、油渍、漆污等使用前应清除干净，可采用钢丝刷、砂盘进行人工清除。

2）调直

HPB300 级圆钢采用调直切断机进行调直、切断施工。在调直过程中，一并将圆钢表面的浮锈去除。

3）切断下料

①用于加工丝头的钢筋端头采用无齿锯进行切割，不加工丝头的钢筋端头采用无齿锯或钢筋切断机切割。

②采用钢筋切断机将同规格钢筋根据不同长度搭配，统筹排料，减少短头，减少损耗。钢筋长度应力求准确，其允许偏差为±5mm。

4）弯曲成型

①采用钢筋弯曲机进行钢筋弯曲，钢筋弯曲前，对形状复杂的钢筋，根据钢筋料牌上标明的尺寸，用石笔将各弯曲点位置标出。

②钢筋弯曲点处不得有裂缝，为此，对 HRB335、HRB400 级钢筋不能弯过头再弯回来。

③箍筋的末端应做弯钩，弯钩角度应为 135°，箍筋弯后平直部分长度不应小于箍筋直径的 10 倍或≥75mm。

④钢筋弯曲成型后的允许偏差如表 3.3-2 所示。

钢筋弯曲成型后的允许偏差   表 3.3-2

序号	项目	允许偏差
1	全长	±10mm
2	外包长度	±5mm
3	弯起点位移	±20mm
4	弯起高度	±3mm
5	箍筋边长	±2mm

3. 钢筋绑扎

（1）钢筋绑扎原则

钢筋绑扎接头设置在受力较小处。同一纵向受力钢筋在同一跨段内不应设置两个或两个以上接头，接头末端钢筋弯起点的距离不小于钢筋直径的 10 倍。

同一构件中相邻纵向受力钢筋的绑扎搭接接头宜相互错开。绑扎搭接接头中钢筋的横向净距不小于钢筋直径，且不应小于 25mm。

同一连接区段内，纵向受力钢筋的接头面积百分率应符合设计要求。当设计无具体要求时，应符合下列规定：

1）对梁类、板类及墙类构件，接头面积百分率不宜大于 50%。

2）对柱类构件，接头面积百分率不宜大于 50%。

3）当工程中确有必要增大接头面积百分率时，对梁类构件，接头面积百分率不应大于 50%；对其他构件，可根据实际情况放宽。

（2）绑扎工艺流程

1）剪力墙钢筋绑扎

工艺流程：绑扎部分竖筋，放置竖向定位梯子筋→下部及齐胸处绑扎两道横筋定位，做好分档标志→绑扎其余竖筋及洞口暗柱→绑扎横筋及门洞口连梁→连接拉结筋→安装保护层垫块、各专业预留预埋→安放水平定位梯子筋和模板定位卡→验收→混凝土浇筑时维护。

2）梁钢筋绑扎

工艺流程：梁底模施工验收完毕→画主次梁钢筋间距线→放主梁、次梁箍筋→穿主梁底层纵筋→穿次梁底层纵筋并与箍筋固定→穿主梁上层纵向架立筋→按箍筋间距绑扎→穿次梁上层纵向钢筋→按箍筋间距绑扎并安放梁马凳、分隔筋及保护层垫块。

3）楼板钢筋绑扎

工艺流程：楼板底模施工验收完毕→画受力钢筋间距线→摆放受力钢筋→绑下部受力钢筋→安放垫块→设置通长马凳→绑上层钢筋。

（3）主要部位施工方法

1）先绑扎部分墙体竖筋，并画好横筋分档标志，然后在下部及齐胸处绑扎两根横筋定位，并画好竖筋分档标志，接着绑扎其余竖筋，最后再绑扎其余横筋。施工时应注意内外墙体横向筋与竖向筋的相对位置。

2）墙体钢筋直径 $d \geqslant 18mm$ 时，采用剥肋滚轧直螺纹连接，直径 $d < 18mm$ 时，采用

绑扎搭接连接。

3）墙筋为双向受力钢筋，所有钢筋交叉点应逐点绑扎，其搭接长度要符合设计规定；搭接接头绑扎时应有 3 扣绑丝，并与搭接长度范围内的墙体钢筋绑扎牢固。

4）墙钢筋间距控制：墙体主筋采用双 F 卡控制间距，墙体上口设一道水平梯子筋，双 F 卡按 600mm×600mm 梅花形布置（施工时视现场实际情况可以适当加密）。

5）门洞口两侧暗柱钢筋绑扎完成后，应在暗柱上标明连梁的上下皮主筋位置（均要考虑保护层）。绑扎前要把连梁箍筋套入。每侧箍筋应进入暗柱 1 个纵筋间距，距洞口边线 50mm 处绑扎，顶层连梁箍筋应全梁布置。连梁绑扎时要在主筋下部架立 $\phi 48$ 钢管临时固定，待墙筋绑扎完方可拆除。连梁绑扎时先校正连梁两边暗柱的垂直度。

6）墙体保护层控制：墙体钢筋绑扎完成后，墙体采用 25mm 厚的成品塑料环圈保护层垫块，塑料垫块按纵横间距 500mm 布置。

7）合模后，对伸出墙体钢筋进行修整，浇筑混凝土时设专人看管，浇筑后及时再次调整以保证钢筋位置准确。

（4）施工总结

1）池体的钢筋不同于一般建筑结构的钢筋，其受力方向不同导致钢筋排布也不同于一般建筑结构，施工过程中应严格按照图纸钢筋的排布进行施工，其锚固长度也应严格按照图纸进行施工，如果图纸有不明确的地方，或者不清晰的地方，应及时联系设计给予解答，不能盲目参照图集进行施工。

2）设计为了提高结构强度，会把一些钢筋设计成连续弯折，但是在实际操作中存在相当大的风险，因为钢筋弯折长度在小于 10d 的情况下连续弯折会造成断裂或者出现裂缝的情况，直接影响钢筋的使用效果，遇到这样的情况应及时和设计沟通进行变更，避免造成材料及人工成本的浪费，以及质量上的隐患。

3）池体施工设备预埋工作要严谨，安装偏差应尽量控制在 5mm 以内，这样可以尽量减少后期安装施工的困难，以保证设备安装的质量。

4）严格执行工序交接验收制度，并及时向监理单位报验，履行各种报验手续，加强过程控制，严把质量关。

3.3.3.5 模板工程

1. 施工准备

制作现浇板模，板背面楞木排列方向应与钢管支撑架顶部水平杆相垂直，木方应与模板的长边平行并侧立布置，模板长边的拼缝应位于木方之上。现浇板底模板搁置于梁侧模板上。对主规格面板材料及木方分别进行裁锯加工，分规格堆放，现场拼装时取用，端部拼接部分随时配制、安装。

（1）模板安装顺序

安装"满堂"模板支架→安装主龙骨→安装次龙骨→安装柱头模板龙骨→安装柱头模板、顶板模板→拼装→安装顶板内、外墙柱头模板龙骨→模板调整验收→进行下道工序。

（2）根据支撑架体搭设布置图各搭设参数要求进行搭设，距地不超过 200mm 高度设置纵横向扫地杆，周圈连续设置斜拉杆或连续设置竖向剪刀撑。

（3）楼板模板当采用单块就位时，宜以每个铺设单元从四周先用阴角模板与墙、梁模板连接，然后向中央铺设，按设计要求起拱（跨度大于 4m 时，起拱 0.2%），起拱部位为中间起拱，四周不起拱。

（4）根据平面图架设支柱和龙骨。支柱与龙骨的间距，根据本方案参数确定。支柱排列要考虑设置施工通道。

（5）底层地面应夯实，并铺垫脚板。支柱间的水平拉杆和剪刀撑要认真加强。

（6）通过调节支柱的高度，将大龙骨找平，架设小龙骨。

（7）铺模板时可从四面铺起，中间收口。楼板模板压在梁侧模时，角位模板应通线钉固。

（8）楼面模板铺完后，应认真检查支设是否牢固，模板梁面、板面应清扫干净。

（9）防止板中部下挠，板底混凝土面不平的现象。

（10）楼板模板厚度要一致，搁栅木料要有足够的强度和刚度，搁栅面要平整；支顶要符合规定的要求；板模按规定起拱。

2. 模板组装

模板组装要严格按照构件尺寸拼装成整体，模板在现场拼装时，要控制好相邻板面之间的拼缝，两板接头处要加设卡子，以防漏浆，拼装完成后用钢丝把模板和竖向钢管绑扎牢固，以保持模板的整体性。

3. 模板的定位和支设

当底板或顶板混凝土浇筑完毕并具有一定强度（≥1.2MPa）时，即用手按不松软、无痕迹，方可上人进行轴线投测。根据轴线位置测出墙柱截面位置尺寸线、模板500mm控制线，以便于梁、柱模板的安装和校正。当板、柱混凝土浇筑完毕，模板拆除以后，开始引测楼层500mm标高控制线，并根据该500mm标高控制线将板底的控制线直接引测到柱上。首先根据楼面轴线测量孔引测建筑物的主轴线的控制线，并以该控制线为起点，引出每道柱轴线，根据轴线与施工图用墨线弹出模板的内线、边线以及外侧控制线，施工前，三线必须完成，以便于模板的安装和校正。模板支设前用空压机将楼面清理干净。不得有积水、杂物，并将施工缝表面浮浆剔除，用水冲净，所有模板内侧必须刷隔离剂。

4. 模板支架拆除

（1）拆除原则

1）模板拆除根据现场同条件的试块强度而定，符合设计要求的百分率后，由技术人员发放拆模通知书后，方可拆模。

2）模板及其支架在拆除时混凝土强度要达到如下要求：在拆除侧模时，混凝土强度要达到1.2MPa（依据拆模试块强度而定），保证其表面及棱角不因拆除模板而受损后方可拆除。

3）拆模令的报验程序：施工员→项目技术总工→项目生产负责人→监理工程师。批准后方可拆模。没有拆模令严禁现场拆模。

4）施工管理：施工员必须认真记录好混凝土浇筑时间，监管现场施工人员不得随意拆模。

5）拆除模板的顺序与安装模板顺序相反，先安的模板后拆，后安的模板先拆。

（2）楼板、梁模的拆除

1）楼板模板拆除时，先调节顶部支撑头，使其向下移动，达到模板与楼板分离的要求，保留养护支撑及其养护木方或养护模板，其余模板均落在满堂脚手架上。拆除板模板时要保留板的养护支撑。

2）模板拆除吊至存放地点时，模板保持平放，然后用铲刀、湿布进行清理。模板有损坏的地方及时进行修理，以保证使用质量。

3）模板拆除后，及时进行板面清理，涂刷隔离剂，防止粘结灰浆。

（3）模板的维修与保管

1）模板拆除之后应及时将模板上残存的海绵条、水泥清理干净，并将施工过程中损坏的并可以现场维修的模板修理完毕，在指定的模板堆放区码放整齐，码放高度不超过1500mm。

2）拆除的模板如有损坏应单独存放，不得混放，以免施工时再次使用。

3）模板不得随意开孔、改装。

4）模板拆除之后应按照场地上的模板堆放线整齐堆放，并及时将背楞、板面上的杂物清理干净，涂刷隔离剂待用。清理合格的应现场标明，不得在作业面涂刷隔离剂。

5）顶板模板所需的方木、钢管、木胶合板应按照班组工作内容的划分，将各种材料用油漆做好标记，保证材料不混用、不浪费，木胶合板应严格按照项目部技术部门的顶板排模图分别存放，并将木胶合板各自存放在开间内，不得私自运出工作面或其他部位，应严格按照使用部位从出料平台转运到相应作业面上。

5. 施工总结

本工程属于改造工程，在原结构基础上需要植筋，剔凿原结构保护层，加之原结构底面不平整导致墙膜板在底部产生缝隙，需要我们针对底部缝隙采用砂浆封堵的方式进行加固，避免造成烂根、漏浆等现象。模板施工过程中严格控制主次楞，应分布均匀。

3.3.3.6 混凝土施工

1. 施工准备

模板安装完成，经监理工程师验收合格后进入下道工序施工，第一车混凝土（8m³）运至现场，进行坍落度检测，结果数据为190mm，符合要求。混凝土采用汽车泵泵送，人工配合进行方向控制，混凝土浇筑采用分层逐步浇筑，浇筑高度控制在1.5m，采用插入式振捣棒进行振捣，第二层混凝土浇筑时振捣棒插入第一层混凝土的1/3厚度进行振捣，保证两层混凝土的整体性。

2. 质量管理保证措施

（1）组织保证措施

1）为确保施工质量符合设计要求及有关规范的规定，除现场人员按岗位职责及操作规程执行外，需确立质检人员的否决权，严格督促各工序质量。

2）实行施工队长负责制，施工队长对工程全面负责、督促、检查工程质量及施工进度。

3）由质检部长检查，关键工序由质检工程师检查，质检员进行规范要求的其他各项检查，质检部长须经常到各施工点进行质量抽查。

4）施工现场人员明确岗位职责。

5）开工前由项目经理、总工程师组织一次对各质检人员、施工队长的再培训，以加强其质量意识，再由他们对全体施工人员进行技术交底，认真学习设计文件，体会设计意图，确保在施工中实施。

（2）技术措施

1）严格控制混凝土质量，不合格混凝土严禁使用。

2）施工原始记录在施工现场随时记录，不弄虚作假。

3）混凝土浇筑过程中随时检查钢筋偏差，以便及时纠偏。

4）严格按照施工程序控制每道工序的施工质量，确保工程实体质量和外观都能符合规范要求。

5）每段混凝土浇筑结束后初凝前应与沉降变形监测单位共同埋设观测点，或在混凝土浇筑前将观测点钢筋焊接于钢筋骨架上。

6）浇筑终凝 2h 后应喷水养护，养护时间不小于 7d。

3. 安全生产保证措施

（1）建立以项目经理负责的安全生产保障体系，明确各项安全生产责任制度，项目部设置专职安全员，施工队设安全员，加强安全思想教育，学习劳动保护法规，使全体职工树立"安全第一"的思想，定期进行安全检查，贯彻"预防为主"的方针。

（2）进入施工现场必须佩戴安全帽，登高作业必须系安全带。

（3）非操作人员不得操作施工机械，操作人员必须持证上岗。

（4）加强安全交通管理，施工现场应悬挂安全施工标志牌。

（5）冠梁施工作业时，指挥员指挥信号、口哨、手势应清楚明了，并与机械操作人员协调一致，严禁违章指挥。

（6）现场临时用电必须采用三相五线制度，严格遵循三级配电、两级保护的接线方式。总承包方应负责检查督导现场所有临时用电的规范性，分包方应按照总包方的要求，严格落实用电安全措施，分包方电工应严格遵守用电操作规程和安全用电法规，不违章操作，非电工不得从事电工工作。

（7）施工作业范围内，严禁无关人员进入围观，各种安全设施应放置在方便、适宜位置，在基坑周边施工时，人要远离坑壁。

（8）遇恶劣天气、台风等，影响施工安全时，禁止一切施工作业，雨后恢复施工前，还应重新检查机具，电路等，确保无安全隐患后方可工作。

（9）钢筋搬运过程中，注意人员与工具的配合，人与人之间的协调性，防止钢筋戳伤其他人员或误伤。

（10）钢筋焊接设备，电路要架空设置，不得使用不防水的电线或绝缘层有损伤的电线。电闸箱和电动机要有接地装置，加盖防雨罩；电路接头要安全可靠，开关要有保险装置。

4. 文明施工、环保保护措施

（1）文明施工措施

1）进入施工现场的施工人员要穿戴整齐。

2）施工人员须佩戴上岗证上岗操作。

3）材料堆放、设备停放应整齐有序，做到工完料清。

4）施工时加强对环境的保护，废弃杂物清除出场，不准乱丢乱放，防止污染附近农田及河流。

5）严禁施工人员与当地村民发生任何矛盾，遵守当地乡规民约。

（2）环境保护措施

1）施工区、料场在施工期间和完工后及时清理。

2）定期对施工机械进行检修，向周围生活环境排放废气应符合国家规定的环境空气质量标准。

3）搅拌运输车洗罐的废水均统一排入废水池中，净化沉淀后抽入净水池中用于搅拌运输车清洗；泥浆不得排放到河道及农田中。

4）混凝土拌和采取封闭式拌和，拌和场地四周设置彩条布与周围相隔离，减少粉尘对环境的污染。

5）在离施工现场 200m 内有村庄环境敏感区时，在夜间停止施工。

5. 总结

CASS 池改造混凝土施工过程正常，结构尺寸、强度、平面位置及高程满足设计及规范要求。C35 混凝土拌和质量合格，强度及和易性满足施工要求。经监理工程师验收检查，CASS 池结构尺寸、高程及平面位置、混凝土强度、预埋件位置及施工工艺、施工方法及质量控制均符合施工设计及规范要求，质检评价意见为优良。

3.3.3.7 防水工程

1. 水泥基渗透结晶型防水涂料的产品特性

可在迎水面或背水面施工，与混凝土组成整体，使用年限与结构体一样持久。可在100％湿润或初凝混凝土基础上施工，节省工期。能抵受侵蚀性地下水、海水、氯离子、碳酸化合物、氧化物、硫酸盐及硝酸盐等绝大部分化学物质的侵蚀，起到保护混凝土的作用。无毒，经核准可用于饮用水领域。当进行土方回填、绑扎钢筋或其他程序时无需特别保护，涂刷之前，无须在混凝土表面找平，节省成本、缩短工期、易于施工、穿透渗入并封闭混凝土中毛细孔地带及收缩裂缝，在表面受损的情况下，其防水及抗化学特性仍能保持不变，能封闭不大于 0.4mm 的混凝土收缩裂缝，渗透深度达 1000mm 之多，增强混凝土的抗压性能，与混凝土、砖块、灰浆及石质材料均 100％相容。在盛水构筑物防水防腐施工上应用较为普遍，尤其像污水处理厂这种处理腐蚀性比较强的污水效果更加明显。

科洛渗透结晶母料防水原理是借助水分或水源，同水泥中的氢氧化钙结合，即可生成一种新的物质——硅酸钙胶体，生成物填塞了混凝土的毛细孔，从而起到防水、防潮的作用。用本母料配方生产的水泥基渗透结晶型涂料在初凝至终凝中反应 20％，剩下的大量无定形活性硅分子埋藏在涂层中，处于静止状态，一旦建筑物开裂进水，未反应的无定形活性硅即刻重复进行反应，持续繁殖。这种重复反应、繁殖的机能使开裂的裂缝得到自愈，达到永久防水、防潮作用。根据试验，水泥基渗透结晶型防水材料产生的结晶体可以修复 0.4mm 的裂缝，所以，对于 0.4mm 的裂缝，水泥基渗透结晶型防水材料具有自我修复愈合的作用，不需要做其他的防水层修补，水泥基渗透结晶型防水材料具有多次抗渗和自我修复的特点和性能，并且具有极强的抗压能力，最高可达 3.0MPa，防水层和混凝土表面形成完整的体系，不会分离，并且材料可以充分吸收混凝土表面的水分来参与其结晶反应，不会发生空鼓现象。由于具有透气不透水的特点，因此可以和混凝土结构同步进行养护。

2. 工艺流程

基层检查→基层处理→防水涂料的涂刷→固化及养护处理→质量控制。

（1）基层检查

防水涂料不是由材料自身的涂布层达到防水性能，而是由混凝土的密致化，并与其成为一体发挥防水效果。正因为如此，对混凝土基层的检查及处理是相当重要的工作。混凝土拆除模板后，其结构强度属正常水平，且密度基本符合规范要求。待涂刷的混凝土表面须平整、坚实，符合防水作业的要求。防水作业表面应干净、无油污、无灰尘及其他杂物。无积水，即涂刷的防水涂料完工后48h内不得积水。

（2）基层的处理

1）水泥浮浆：以刮除、凿除、磨光等方法彻底去除混凝土面的杂物和浮浆，并清洗混凝土基面，使防水涂料能密切结合。

2）施工缝：施工缝处的蜂窝及水泥乳皮的沉积，容易形成漏水，应沿着施工缝将新混凝土凿成U形槽，并使用基层处理剂进行修补、抹平、压实。

3）蜂窝：在混凝土表面发现蜂窝时，将蜂窝及其四周松脱物打除，并用基层处理剂填实、抹平。

4）油污：灰尘、油脂类、污垢及铁锈会影响防水涂料的粘接性能，尤其是油脂类会形成隔膜而阻碍防水涂料的渗透作用，因此必须清除干净；清水模板的隔离剂，因具有高度的疏水性及泼水性，亦会阻碍防水涂料的渗透作用，因此在脱模后需要用水清洗混凝土表面，必要时可用铁丝刷清理这些表面区域。

5）模板拉杆的处理：须在拉杆周围挖U形槽，并在U形槽较深处切断钢筋，并用基层处理剂填平，压实。

6）渗漏部位：防水施工前，所有渗漏部位均须进行修补和封堵。

7）材料配制：将饮用水（水内要求无盐和无有害成分）倒入水泥基干粉中（体积比为水：干粉＝2：5），然后用手提搅拌机搅拌均匀（3～5min）；每次调制的浆料，尽可能在30min内用完，混合物变稠时要频繁搅拌，不能加水。

3. 防水涂料的涂刷施工

（1）施工方法

用水湿润施工面，使施工面潮而不湿。防水涂料施工可采用喷涂法和涂刷法。涂刷法常用硬毛刷子（采用人造纤维较佳）施工涂刷。若以喷涂方式施工，可采用坠式斗或活塞浆式器材。一般涂刷二遍，涂层要求均匀，各处都要涂到，涂层太厚养护困难。涂刷时应注意用力，来回纵横涂刷以保证凹凸处都能涂上并达到均匀。喷涂时喷嘴距涂层要近些，以保证灰浆能喷进表面微孔或微裂纹中。在第一遍防水涂层完成后，用手指轻压无痕，4h后即可以进行第二遍防水涂层施工，如太干则应先喷水湿润养护，防水层搭接宽度为100mm，施工时在搭接处用水湿润后直接施工防水层。对于易产生变形的缝隙，应选用其他柔性材料和渗透结晶型涂料结合使用。对水平地面或台阶阴阳角必须注意将防水涂料涂匀，阳角要涂刷到位，阴角及凹陷处不能有防水涂料过厚的沉积，否则在堆积处可能开裂。

（2）温度要求

当气温高于5℃时，水泥基渗透结晶型防水涂料均可施工。

4. 固化及养护处理

在防水工程完工后，若天气较炎热，在防水涂层表面初凝至足够硬度时（用手指触压无痕迹）应立即进行洒水养护处理，在一般情况下，48h 内需在防水涂层表面洒水 3～4 次养护，养护期间，不得在防水层上堆放任何物品或进行其他施工；施工后 48h 内，必须防避雨淋、沙尘暴、霜冻、暴晒、污水及 4℃以下的低温。假如施工现场通风不良，应采取通风措施，加速空气流通，保证防水涂层正常干固。露天施工用湿草袋覆盖，但要避免涂层积水，如果使用薄膜作为保护层，必须注意架开，以保证涂层的透气及通风。

5. 水泥基渗透结晶型防水层质量控制

（1）水泥基渗透结晶型防水层及其细部等做法，必须符合设计要求和施工规范的规定，并不得有渗漏水现象。

（2）水泥基渗透结晶型防水层的基层应牢固、表面洁净、平整，阴、阳角处呈圆弧形或钝角。

（3）水泥基渗透结晶型防水层附加层，其涂刷方法、搭接、收头应符合规定，并应粘结牢固、紧密，接缝封严，无损伤、空鼓等缺陷。

（4）水泥基渗透结晶型防水层，应涂刷均匀，保护层和防水层粘结牢固，不得有损伤、厚度不匀等缺陷。

6. 安全技术

（1）钢管及其附件除锈、防腐宜在工厂集中进行。

（2）除锈、防腐、防水作业人员应经安全技术培训，考核合格，方可上岗。

（3）施工前，应学习材料使用说明书，了解材料性能，并采取相应防护措施。

（4）施工组织设计中应规定防腐、防水施工的安全技术措施，并在施工中执行。

（5）防腐、防水材料应由具有专业资质的企业生产，需要有合格证，经检验，确认合格后使用。

（6）作业人员应根据现场环境、使用的机具、材料等，按规定佩戴劳动保护用品。禁止裸露身体作业。

（7）易燃和有毒材料应分类贮存在阴凉、通风的库房内，由专人管理；严禁将材料混存或堆放在施工现场。

（8）防腐、防水作业中，剩余的残渣、废液、边角料等，应及时清理、妥善处理，不得随意丢弃、掩埋或焚烧。

（9）除锈、防腐、防水机具应完好，安装稳固，防护装置应齐全有效，电气接线应符合本施工用电安全技术交底的具体要求，使用前应检查、试运行，确认正常。

（10）搬运管材时，作业人员应相互呼应，协调配合，动作一致；从管垛上取管时，必须按从上而下的顺序进行，严禁由下方取管。

（11）凡患有皮肤病、眼病、刺激过敏者不得从事防腐、防水作业；作业中发生恶心、头晕、过敏反应时，应立即离开施工现场。

（12）现场使用中与有毒材料接触过的工具、器材，下班后应用清洗剂清洗，严禁带入宿舍、餐厅、办公室等施工人员工作、生活的场所。

（13）在通风不良的容器、构筑物、管道内施工时，必须采取强制通风、轮换作业，作业现场外面应设专人监护。进入容器、构筑物或管道内作业前，必须打开井盖进行通风；进入前，必须先检测其内部空气中的氧气、有毒有害气体浓度，确认合格方可进入作业；当再次进入前应重新检测，确认合格并记录；作业中必须对作业环境的空气质量进行动态监测，确认合格并记录。

（14）防腐、防水施工现场应按消防部门的要求配置消防设施，并设"严禁烟火"标志牌。施工现场存放易燃、可燃材料的库房和防腐、防水作业现场，不得使用明露的高热强光源灯具。

（15）高处作业应设作业平台，并符合下列要求：

1）在斜面上作业宜架设可移动的作业平台。

2）作业平台宽度应满足施工安全要求；在作业平台范围内应铺满、铺稳脚手板。

3）脚手架、作业平台不得与模板及其支承系统相连。

4）作业平台、脚手架，各节点的连接必须牢固、可靠。

5）安装、拆除作业必须由架子操作工负责。

6）作业平台临边必须设防护栏杆；上下作业平台应设安全梯或斜道等设施。

7）脚手架应根据施工时最大荷载和风力进行施工设计，安装必须牢固。

8）脚手架和作业平台使用前，应进行检查、验收，确认合格，并形成文件；使用中应设专人随时检查，发现变形、位移应及时采取安全措施并确认安全。

污水处理厂设备工程施工技术

4.1 设备选型

工程概况：本工程为渭南市污水处理厂提标改扩建工程。本工程设计规模为 13 万 m³/d。

（1）提标处理工艺如下：

1）预处理工艺：沿用一厂、二厂现有处理设施。

2）二级污水处理工艺：沿用一厂现有处理设施、改造二厂一期多段多级 A/O 工艺。

3）污水深度处理工艺：改造现状再生水单元，新建高效沉淀池。

4）污泥处理工艺：改造二厂污泥系统为机械浓缩＋化学调理＋高压板框脱水。

（2）改造内容如下：

二厂鼓风机房增加一台鼓风机；改造二厂污泥系统为机械浓缩＋化学调理＋高压板框脱水，现状变配电室内增加低压配电柜供电。

（3）新建内容如下：

本工程新建的构筑物有粗格栅及污水提升泵房、高效沉淀池、加药间、中间提升泵房、出水配水井、分变配电室等。

4.1.1 工艺设备

4.1.1.1 预处理工艺设备选型

1. 粗格栅间

（1）功能：新建二厂粗格栅及污水提升泵房 1 座，用于拦截去除污水中较大的杂物，保护水泵的正常运行。现状二厂进水由一厂曝气沉砂池出水口引出，通过管道泵提升至二厂细格栅进水口，随着水量的增大，一厂粗格栅已满负荷运行，因此本工程考虑增设粗格栅及污水提升泵房，以满足水量增大后水厂的正常运行。

（2）设计参数：粗格栅选用循环齿耙式格栅清污机。设计水量为 3403m³/h，格栅宽度为 1.5m，格栅间隙为 20mm。

（3）运行：连续运行。

（4）结构形式与尺寸：分两部分，上部为框架结构，建筑面积为 175.96m²，层高为

4.8m；下部为地下式钢筋混凝土结构，结构尺寸为 9.3m×4.8m×5.6m。格栅渠道宽为 1.5m，共 2 条。

（5）安装设备：循环齿耙式格栅清污机 2 台，功率为 1.5kW；铸铁镶铜方闸板 4 套，尺寸为 800mm×800mm，功率为 1.1kW。

2. 提升泵房（与粗格栅合建）

（1）功能：将重力汇入提升泵站的污水，提升后进入污水处理厂污水处理构筑物，保证处理后污水自流排放，并使后续构筑物埋深处于经济合理范围内。

（2）设计参数：近期水量为 1702m³/h，远期水量为 3403m³/h。

（3）运行：根据集水池内污水水位变化依次启停水泵，自动控制。

（4）结构形式与尺寸：地下式钢筋混凝土结构，结构尺寸为 11.9m×10.8m×7.97m。其中集水池、水泵间位于地下，控制间及配电间位于地上。

（5）安装设备：近期安装潜污泵 3 台，2 用 1 备，1 台变频，单台流量为 1200m³/h，扬程为 14m，配电功率为 75kW，远期增加 2 台。

4.1.1.2　二级处理工艺设备

将原有多段多级 A/O 生物反应池改造为多段多级 A/O 生物反应池＋MBBR 生物填料：

（1）功能：原有多段多级 A/O 生物反应池，经过厌氧＋好氧＋多级缺氧/好氧，使生物反应池形成多级 A/O 串联的形式，采用多段进水技术，将污水分别排入厌氧区和缺氧区，污泥回流到厌氧区，创造了更适合聚磷菌、硝化菌及反硝化菌的生长环境，大大增强了除磷脱氮能力。由于现状多段多级 A/O 生物反应池的池容有限，处理能力无法达到准Ⅳ类水要求。因此，本着减少工程量，减少征地面积，易于实施，方便运行的原则，本次提标工程考虑在好氧池中投加一定量的生物填料，选择移动床生物膜反应器（MBBR），以提高生物池生物量，保证处理效果。

（2）设计参数：设计规模为 30000m³/d，在原有多段多级 A/O 生物反应池好氧区内投加生物填料，填料投配比为 10%～30%，填料规格为 25mm×10mm、材质为 HDPE，数量为 0.581m×106m（有效生物膜面积），管式曝气器 600 套，单根曝气量为 7m³/h，长为 1.0m。

（3）运行：连续运行。

（4）安装设备：配水系统及拦截筛网，不锈钢共 2 套。

4.1.1.3　配套构筑物

1. 二厂鼓风机房（改造）

（1）功能：由于本次设计在多段多级 A/O 好氧池内投加生物填料，提高生物池有机物及氨氮的去除能力，曝气所需气量相应增加。

（2）设计参数：计算新增供气量为 3960m³/h。

（3）运行：连续运行。

（4）安装设备：在二厂鼓风机房内增加磁悬浮离心鼓风机 1 台，设计流量为 66m³/min，功率为 125kW。

2. 一厂鼓风机房（改造）

现状一厂一期规模为 6 万 m³/d，SBR 池配套曝气风机由于安装时间较早，目前已出现能耗增大，供气量无法保证等情况，为保证污水处理厂的正常运行，从长远节能电耗的角度看，对风机进行更换，设计流量、风压与原设计保持一致，本次设计选用磁悬浮风机，供气量为 160m³/min，压力为 0.6MPa，配电功率为 185kW，共 3 台，2 用 1 备。

4.1.1.4 三级处理工艺设备

1. 高效沉淀池（1 座 2 格，新建）

（1）功能：集机械混凝、机械絮凝、斜管沉淀、污泥浓缩为一体，从而达到固液分离的目的。

（2）设计参数：高效沉淀池 1 座 2 格，单格处理能力为 1896m³/h，高效沉淀池尺寸为 31m×27.65m×9.2m，具体各部分设计参数如下：

1）混合池：数量为 2 格，单组池体尺寸为 2.85m×2.85m×7.70m，有效水深为 7.0m，停留时间为 1.8min。

2）絮凝池：数量为 2 格，单组池体尺寸为 7.5m×7.5m×7.7m，有效水深为 6.9m，停留时间为 10.86min。

3）澄清区：数量为 2 格，单组池体尺寸为 15.2m×15.2m×7.7m，有效水深为 6.65m，斜管区上升流速为 12.05m/h。

（3）运行：连续运行。

（4）安装设备：混凝搅拌机 2 台，直径为 1100mm，转速为 45r/min，配电功率为 4.0kW；絮凝搅拌机 2 台，直径为 2500mm，转速为 12r/min，配电功率为 15kW；导流筒 2 套，内径为 2700mm，厚度为 6mm，筒内流速为 0.8m/s；中心传动刮泥机 2 套，直径为 15.2m，外缘线速度为 3m/min，配电功率为 1.5kW；剩余污泥泵 3 台，2 用 1 备，规模为 50m²/h，扬程为 20m，配电功率为 15kW；回流污泥泵 3 台，2 用 1 备，规模为 50m³/h，扬程为 20m，配电功率为 15kW；不锈钢集水槽数量 44 副，每副尺寸为 6600mm×300mm×300mm，直径为 6mm，斜管为 330m²，规格为 ϕ50mm，长度为 1000mm，安装角度为 60°，材质为 PPR。

2. 混凝沉淀池（改造）

（1）功能：与高效沉淀池一同作为本次提标改造的核心处理单元，集机械混凝、机械絮凝、斜管沉淀于一体，通过投加化学药剂，实现 TP 的去除。

（2）设计参数：设计流量为 60000m³/d，峰值系数为 1.3。

（3）运行：连续运行。

（4）安装设备：由于现状再生水厂混凝沉淀池已建成，但设备因年限较长，已不满足正常运行需要，因此本次设计对混凝沉淀池内设备进行更换，土建部分维持现状。

（5）主要设备包括：600mm×2000mm×1500mm 波形板反应器 32 套，800mm×2000mm×1500mm 波形板反应器 64 套，1000mm×2000mm×2500mm 波形板反应器 24 套，1500mm×2200mm×1100mm 波形板反应器 180 套，手气两用刀闸阀 32 套。

3. V 形滤池（改造）

（1）功能：进一步去除污水中的悬浮物和碳污染物，保证出水达标。

（2）设计参数：设计流量为 60000m³/d，峰值系数为 1.3。

（3）运行：连续运行。

（4）安装设备：由于现状再生水厂已有 V 形滤池，但设备因年限较长，已不满足正常运行需要，因此本次设计对 V 形滤池内设备进行更换，土建部分维持现状。

（5）主要设备包括：反冲洗排水启动闸板 6 套，规格为 500mm×500mm；进水气动闸板 6 套，规格为 500mm×300mm；DN400 出水气动蝶阀 6 套；DN300 反冲洗气动蝶阀 6 套；DN200 放空手动蝶阀 6 套，DN20 反冲洗滤头 24000 套；石英砂均质滤料 510m³；砾石承托层 21m³；1m×1m 成品滤板 420 块。

4.1.1.5 配套构筑物

1. 加药间（1 座，新建）：

（1）功能：设置 PAC、PAM 投药系统，高效沉淀池进水前向混合池内投药，起到化学除磷的作用；同时当出水 TN 不达标时，向一厂一级 A 提标反硝化深床滤池、二厂一期多段多级 A/O 生物池缺氧池中投加碳源，促进反硝化，确保 TN 达标排放；并考虑未来可能存在对 TN 出水水质的进一步提高而提供出水保障。

（2）设计参数：向高效沉淀池进水混合池内投加 PAC，投加浓度为 5%，投加量为 1690kg/d，连续投加；投加 PAM，投加浓度为 0.1%，投加量为 169kg/d，连续投加；设计水量为 130000m³/d，TN 去除目标为浓度从 15mg/L 降低至 12mg/L 以下；碳源为乙酸钠溶液。

（3）运行：PAC、PAM 加药根据污水流量配比后投加。正常情况下，出水 TN 可满足《陕西省黄河流域污水综合排放标准》DB61/224—2018 城镇污水处理厂水污染物排放浓度限值要求，当出水 TN 不达标时，向一厂一级 A 提标反硝化深床滤池、二厂一期多段多级 A/O 生物池缺氧池中投加碳源，促进反硝化，确保 TN 达标排放；此时根据出水 TN 情况间歇投加；当出水 TN 标准提高时，向一厂一级 A 提标反硝化深床滤池、二厂一期多段多级 A/O 生物池缺氧池中连续投加碳源，确保 TN 达标排放。

（4）安装设备

PAC 投加系统 1 套，制备量为 75.8kg/h，配电功率为 5.5kW；PAC 投药计量泵 3 台，2 用 1 备，规模为 800L/h，扬程为 40m，配电功率为 1.0kW；PAM 投加系统 1 套，制备量为 3.8kg/h，配电功率为 5.0kW；PAM 投药螺杆泵 3 台，2 用 1 备，规模为 100L/h，扬程为 40m，配电功率为 1.0kW。采用乙酸钠原液（浓度 33%），作为补充碳源。乙酸钠隔膜计量泵 3 台，2 用 1 备，规模为 200L/h，配电功率为 0.75kW，扬程为 60m；乙酸钠隔膜计量泵 3 台，2 用 1 备，规模为 100L/h，配电功率为 0.55kW，扬程为 60m；乙酸钠进料泵 2 台，1 用 1 备，规模为 50m³/h，配电功率为 5.5kW，扬程为 20m；乙酸钠储罐 2 套，直径为 3200mm 材质为 PE；MD1 型捯链：起吊高度 9m，起吊重量为 0.5t，功率为 1.2kW。

（5）结构形式与尺寸

框架结构，平面面积为 226.78m²，高度为 7.1m。

2. 进水配水井（1 座，新建）

（1）功能：将一厂反硝化深床滤池出水按流量比分配至新建高效沉淀池及改造再生水系统。

（2）设计参数：设计流量为 100000m³/d，峰值系数为 1.3；其中向高效沉淀池分配流量为 70000m³/d，向再生水系统分配流量为 30000m³/d。

（3）运行：连续运行。

（4）安装设备：安装不锈钢可调堰板 2 套，长度为 6m。

（5）结构尺寸为 $4.4m\times6.0m\times6.15m$。

3. 中间提升泵房（1 座 2 格，新建）

（1）功能：提升一厂、二厂来水水头至合理的高度，保证能靠重力流至再生水系统。

（2）设计参数：设计流量为 $60000m^3/d$，峰值系数为 1.3；其中一厂来水流量为 $30000m^3/d$，二厂来水流量为 $30000m^3/d$。

（3）运行：连续运行。

（4）结构形式及尺寸：地下式钢筋混凝土结构集水池一座，结构尺寸为 $8.5m\times7.5m\times8.4m$，根据集水池水位由 PLC 自动控制，进行水泵顺序轮换运行，同时设手动控制。

（5）安装设备：安装潜水泵 3 台，2 用 1 备，单台规模为 $1625m^3/h$，扬程为 10m，配电功率为 75kW，$DN700$ 手电两用圆闸门 1 套，配电功率为 2kW；$DN800$ 手电两用圆闸门 1 套，配电功率为 2kW。

4. 出水配水井（1 座，新建）

（1）功能：通过提升改造将再生水系统出水分配至一厂、二厂接触池。

（2）设计参数：设计流量为 $60000m^3/d$，峰值系数为 1.3；其中向一厂接触池分配流量为 $30000m^3/d$，向二厂接触池分配流量为 $30000m^3/d$。

（3）运行：连续运行。

（4）安装设备：不锈钢可调堰板 2 套，长为 4m，轴流泵 3 台，2 用 1 备，单台规模为 $1625m^3/h$，扬程为 3.0m，配电功率为 30kW。

（5）结构形式与尺寸：钢筋混凝土结构，结构尺寸为 $7.6m\times8.3m\times7.3m$。

5. 二厂污泥脱水机房（改造）

（1）功能：对化学除磷过程中产生的污泥进行深度脱水；由于原二厂一期污泥设计出泥含水率为 80%，不满足外运填埋要求，因此考虑与新增化学除磷一并处理至含水率 $\leqslant60\%$。

（2）设计参数：原设计二厂一期近期污泥量为 $1051.05m^3/d$，含水率为 99.4%；新增化学除磷污泥量为 $1035mm^3/d$，含水率为 99.0%。

（3）设计处理工艺采用机械浓缩＋化学调理＋高压板框。

（4）运行：运行时长 20h。

（5）结构形式与尺寸：新建污泥调理池 1 座，分两格，单格尺寸为 $4.5m\times4.5m\times4.5m$（有效水深 4.0m），半地下式钢筋混凝土结构。

（6）安装设备：原设计污泥脱水机房设污泥转筛浓缩机 2 台，1 用 1 备，单台处理量为 $70m^3/h$，配电功率为 4.4kW；每台浓缩机配套絮凝反应器 1 个，配电功率为 0.37kW；污泥切割机 2 台，1 用 1 备，单台处理量为 $70m^3/h$，配电功率为 4kW；浓缩机供料转子泵 2 台，1 用 1 备，单台处理量为 $70m^3/h$，扬程为 20m，配电功率为 15kW；本次设计增加污泥转筛浓缩机 1 台，单台处理量为 $70m^3/h$，配电功率为 4.4kW；絮凝反应器 1 个，配电功率为 0.37kW；污泥切割机 1 台，单台处理量为 $70m^3/h$，配电功率为 4kW；浓缩机供料转子泵 1 台，单台处理量为 $70m^3/h$，扬程为 20m，配电功率为 15kW；板框压滤机 3 台，2 用 1 备，单机过滤面积为 $150m^2$，配电功率为 22kW。污泥改性投加 $FeCl_3$ 溶液及石灰乳，现场配置石灰乳制备装置及 FeCL$_3$ 溶液储罐及投加泵。

（7）隔膜式板框压滤机工作流程图（图 4.1-1）：

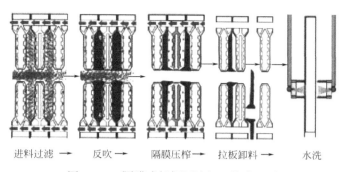

进料过滤 → 反吹 → 隔膜压榨 → 拉板卸料 → 水洗

图 4.1-1　隔膜式板框压滤机工作流程图

1）进料过滤：

物料进入板框压滤机，进料压力使滤液穿过滤布，固体被滤布截留形成滤饼。随着过滤的进行，过滤压力持续升高，滤室逐渐被滤饼填满，进料压力达到最高值（约为1.2MPa），并长时间保持不变。因进料污泥含水率有差异，进料时间一般控制在 1～2h，污泥进料由高、低压污泥螺杆泵送进。

2）反吹：

每个完整的工作流程中反吹需进行 2 次。第 1 次，污泥进料完成后进行空气反吹，可提高滤饼含固率，同时防止中心管堵塞；第 2 次，压榨完成后，运行压缩空气系统，对压滤机中心进泥管中的残留污泥及膜腔内的滤液进行反吹洗，反吹污泥通过压滤机一端设置的 DN100 反吹污泥管回流至调理池中。两次空气反吹的过程均只需要 5～10s 即可完成。值得注意的是，因反吹的瞬时风压较大，且时间较短，条件允许的情况下反吹污泥管可各自单独接入污泥调理池中，这样能有效避免某台压滤机反吹时影响其他压滤机正常工作。

3）隔膜压榨：

关闭进料气动球阀，向隔膜板内注入高压水，最高水压为 2MPa，一般保持在 1.5～1.8MPa。利用隔膜张力对污泥进行强力挤压脱水，一般隔膜压榨时间保持 1.5h。压榨水通过管道回流至压榨水箱，压榨滤液水透过滤布排出，固体物质被滤布阻隔，污泥含固率进一步提高。

4）拉板卸料：

当压榨完成后，进入卸料工序。首先，压紧板后退至限位开关停止，拉板器前行取板，取到后拉板至卸料空间中间位置时，限位开关感应到滤板侧面的感应件，传送信号至PLC，气缸击打部分前移，至滤板正上方时停止。振打气缸下移，气缸端部的振打头迅速击打滤布支撑机构的顶端并快速回收上移，从而快速压缩、放开滤布支承机构的压缩弹簧，使滤布在支撑机构的带动下产生振动，辅助卸下滤饼，整个卸泥过程维持 1.5h。

5）水洗：

压滤机在运行一段时间后，滤布会被堵塞，影响过滤效果。正常情况下，压滤机每工作 7～15d 需要进行 1 次水洗，由水洗泵供给水源。每台压滤机单次清洗周期为 20～

30min，此过程由设备自带的高压水洗架完成，水洗过程全部自动控制。

（8）板框机常见问题：

1）滤板损坏供料不足、入料管堵塞，滤板内没有污泥缓冲，承受挤压压力会造成滤板损坏。滤板流淌挤压使沟槽堵塞，造成介质无法流出，滤板损坏。设定的挤压压力过高也会造成滤板损坏。处理措施：工作时，中心反吹时间要充足；定期检查滤布、滤板，及时清理残留物；发现滤板入料孔出现磨损现象，要及时用大颗粒胶或金属修补剂进行修复。

2）滤板间出现喷料现象，闭合压力未达到额定值、滤板结合面有残余的污泥，结合不紧、滤布褶皱或损坏、头板密封损坏、入料压力设定值过大，会出现喷水现象。处理措施：若为手动操作，及时调节闭合压力值，必须达到设定值再进行下一步操作；发现滤布褶皱及时清理平整若有损坏及时更换。根据滤板形状设计了更换滤布专用工具，以保证更换滤布时滤板摆放平整，避免变形；滤布存放要干燥、整洁、包装完好；避免出现风化现象，影响使用寿命；头板出现喷水情况，要检查头板的密封圈及滤布上附带的连接法兰，损坏及时修复，对损坏不严重的滤布使用硬度和韧性好的线进行缝补修复，效果较好。

3）滑道问题：滑道螺栓断裂、滑道损坏突起会造成小车出现卡阻现象，反复运动而不前进。滑道不水平或下沉会造成小车拉爪卡不住滤板。处理措施：定期检查滑道，发现螺栓有松动及时紧固或更换；滑道不水平，要及时整体调整；将滑道螺栓加上固定套，定期更换固定套即可避免螺栓的磨损，效果较好。

4）小车问题：小车弹簧过松会造成拉爪回到初始位置无法回弹。机尾压拉爪螺栓磨损会造成拉爪压不平，小车无法返程。小车卡链条上连接螺栓松动，螺栓承受剪切应力，螺栓被剪断，连接片脱落，发现不及时会造成链条拉断。小车两端不一致，滤板被拉斜脱落，无法正常卸料。处理措施：定期检查小车零部件，发现损坏及时更换，每班紧固连接螺栓。发现链条跳链时，使用垫木楔子法调节两端链条一致；小车速度可通过两个节流阀调节。

5）链条问题：链条过松、链条磨损严重容易造成卡链、链条断裂。链轮磨损严重容易造成咬链。尾部固定销轴磨损易造成链轮晃动、链条脱链。处理措施：发现链条过松要及时掐链，链条磨损严重时要及时更换；发现链轮、销轴磨损严重时要及时更换；链条、链轮每月润滑一次，使用 320 号润滑油。加装了润滑油杯，只需打开杯子底部阀门，链条运行一圈即可完成润滑工作；传统的接链需人工拉链条至合适位置，然后接链，需要至少3 人配合才可以完成制作接链工具，单人即可完成接链、掐链的操作。

6）头板压不紧、无法保压，油路有泄漏，主油缸密封圈损坏，板框压滤机主体机架变形易造成主油缸不做水平动作，密封圈磨损失效，存在卸压现象。若低压油泵向主油缸供油，阀块内的单向阀密封失效则无法启动，高压油泵供油的阀块内单向阀失效则无法保压，难以完成压滤机闭合，高压油泵反复启动，无法进行下一步操作。处理措施：更换漏油的油管或密封圈，发现主体框架变形及时校正，将主体机架拆下放置在室内一周左右，用以消除残余应力，使用专用压力机进行校正，通过水平尺进行核对后，方可重新安装使用，同时更换主油缸上对应的密封圈，发现低压油泵或高压油泵无法达到设定压力时，确定换向阀、电磁阀完好后，即可检查阀组内的单向阀密封情况，更换损坏的单向阀即可。

7）液压系统问题：

①油管接头漏油，受工作环境、使用时间的限制，使用一段时间后，油管及接头会出现老化现象，进而漏油，更换对应油管即可。

②低压、高压泵不工作，压滤机无法实现闭合、打开功能，检查油泵电机及其对应的电路模块，更换损坏部件即可。

③板框压滤机不保压，无法完成闭合。液压系统不保压往往是单向阀失效引起的，板框压滤机也不例外，这时需检查机头主油缸上的单向阀，更换损坏的单向阀即可。

④电磁阀不动作、换向阀堵塞或磨损不工作，无法按程序操作，更换对应的阀组即可。

⑤液压油缸存在爬行，有杂音，活塞磨损，可能是液压管路进空气导致的，也可能是新换的油缸和密封圈配合过紧，摩擦力过大导致的。对于进空气的现象，若没有放气装置，可强行排出空气。对于摩擦力过大的情况，可在主油缸上涂抹润滑剂，柱塞表面涂铬改造，由于主油缸柱塞长期裸露，受冲洗水侵蚀，表面易锈蚀，密封面凹凸不平，密封效果差，容易漏油，涂铬处理能起到耐水防腐蚀的作用。

⑥液压电机不工作，液压电机内部齿轮磨损或齿轮折断，造成电机不工作，更换液压电机即可。

⑦阀块接头处漏油，更换对应的 O 形圈和对应的油泵，更换对应电磁阀，清理换向阀流油孔。若油缸出现磨损，更换主油缸。检查液压电机内的行星齿轮，更换磨损的齿轮或液压电机，更换密封圈。

8）日常维护保养：

每班检查板框小车、滑道上的连接螺栓是否有松动，及时紧固。主油缸要保持良好的润滑，避免油缸外表面有异物，定期润滑。溢流阀起到安全作用，调节为活塞退回时的最小压力。卸荷压力为 $0.2\sim0.3MPa$，拉板压力为 $0.4\sim0.5MPa$，回程压力为 $0.2\sim0.3MPa$，该数值由厂家设定，不要轻易调节。闭合压力、入料压力设定要在规定范围内，避免主油缸或机架变形损坏。发现煤泥黏度较大时，卸料过程中要保证煤泥饼完全脱落，避免滤板无法闭合到位。定期校验压力表，保证压力表完好。每班检查油位是否在规定范围内，发现油位低时要及时补油。控制面板禁止用水冲洗，避免进水使线路短路。每班清理板框、滤布卫生，以便保持过滤机构的密封性、透水性。保持压滤机整洁，周围无泥饼。

4.1.2 电气自控设备

本次提标改扩建工程与现有一期污水处理单元的工艺分别独立运行。根据工程厂区的总体布局和工艺流程的特点，结合电气系统的配置，为本次提标改扩建工程及其远期设计配套的电气系统，具体内容主要有：

（1）电源方面，本工程污水处理厂目前已有一路 10kV 电源，本期工程新申请一路 10kV 电源，并对现状 10kV 电源进行增容，保证增容后每路电源均应能承担全部负荷的 100%。

（2）本工程采用 10/0.4kV 变配电室的设计。

（3）本工程全部建（构）筑物配套设计低压供配电系统、照明、接地及防雷系统。

1）供配电系统

负荷等级：本污水处理厂属城市重要的基础设施。根据相关要求，污水处理厂用电负荷等级为二级负荷。

供电电源：目前已有一路 10kV 电源，本期工程新申请一路 10kV 电源，并对现状 10kV 电源进行增容，以满足本次提标改扩建的需要。

供配电系统：原污水处理厂高压配电室内增设 10kV 电源出线柜，沿既有电缆沟和新建电缆沟敷设引至提标改造新建分变配电室。对高压室进行改造，并在高压系统中预留二期扩建馈线柜位，为二期用电设备的变配电系统提供电源。

本次渭南市污水处理厂提标改扩建工程中粗格栅及污水提升泵房、污脱机房和鼓风机房的用电设备由二厂一期的变配电室两台 800kVA 变压器提供，两台变压器同时工作，分别运行，在运行过程中，两段母线运行时应保持平衡，变压器负载率为 76%。二厂一期原施工图中水源热泵机房、办公楼、除臭生物滤池、纤维转盘滤池的供电不再由此变压器供电。

本次提标改造工程新建分变配电室，实现对中间提升泵房、出水配水井、高效沉淀池、加药间等各工艺设备的电气控制。通过对提标改造工程的负荷计算，在新建分变配电室内设有两台 SCB13 型 10/0.4～500kVA 干式变压器，两台变压器一用一备。

2）负荷计算

本工程提标改造新建分变配电室，工作容量为 418.06kW，无功功率补偿后归算至 10kV 侧的计算有功功率为 324kW，补偿后无功功率为 104kVar，视在功率为 340.72kVA，其中无功补偿容量为 120kVar。根据负荷计算结果，本工程选用 2 台 500kVA 的干式变压器，一用一备，正常运行时单台变压器负荷率为 66%。

原二厂一期变配电室提标改扩建改造后，工作容量为 1539.34kW，无功功率补偿后归算至 10kV 侧的计算有功功率为 1165kW，补偿后无功功率为 466kVar，视在功率为 1255.32kVA，其中无功补偿容量为 360kVar。根据负荷计算结果，选用 2 台 800kVA 的干式变压器，同时工作，分列运行，变压器负荷率为 76%。

3）控制及保护

在高压开关柜内设置相应的微机型继电保护装置，如变压器柜、进线柜等的速断、过电流、过负荷、温度保护等。低压设备的保护利用断路器、接触器、热继电器等自备的过负荷、断相等功能进行保护。高压开关设备控制有就地控制和远距离控制两种方式，断路器的操作机构电压为 220V。根据污水处理工艺需要，潜污泵、回流污泥泵、鼓风机等工艺设备设置变频调速装置。根据设备启动尖峰电流造成的母线压降和对相邻设备的运行影响，采用软启动方式启动电流较大的 0.4kV 电动机。

各主要工艺设备都具有"就地手动""柜上手动"和"PLC 自动"三种控制模式，通过安装在 MCC 或电控柜上的选择开关实现切换。潜水电机等设备成套配有控制端子箱，具有"手动"和"PLC 自动"两种控制模式，通过安装在 MCC 或电控箱上的选择开关实现切换。部分工艺设备成套配有就地控制按钮箱，通过安装在按钮箱上的选择开关实现"就地手动"与"MCC 远程"控制模式的切换。

4）照明

室内照明设计依据《建筑照明设计标准》GB 50034—2013 执行，选用节能型光源和高效率照明灯具，在功率密度值允许范围内确保照度达标。

本工程消防应急照明系统选用非集中电源、非集中控制系统，选用 A 型应急照明灯具，供电电压为 DC36V，供电时间不小于 30min。

5）防雷、接地

①本设计低压配电系统接地采用 TN-S 形式，各建筑物设总等电位联结，内容参见现行图集《等电位联结安装》15D502 相关内容，长度统计仅限参考，具体长度由施工现场确定；各建（构）筑物进线电缆在进户处做总等电位联结，电缆的 PE 线、电气装置接地极的接地干线、可导电的金属构件等均应通过等电位联结端子箱做等电位联结，金属电缆桥架及其支架应可靠接地，全长不应少于 2 处与接地保护导体（PE）相连。各构筑物接地系统利用构筑物基础钢筋网作为自然接地极，引至基础，并与基础连网。

②变压器中性点工作接地、电气设备保护接地、自控仪表系统工作及保护接地，电气自控共用接地装置，其接地电阻不大于 1Ω。

③防雷设计依据《建筑物防雷设计规范》GB 50057—2010。根据建（构）筑物的重要性、建（构）筑物的长宽尺寸、屋面高度以及防雷计算结果做防雷设防。

6）抗震

本工程抗震设防烈度为 8 度，设计基本地震加速度值为 0.2g，设计地震分组为第一组。根据《建筑机电工程抗震设计规范》GB 50981—2014 的相关规定，重要电气设备按本地区抗震设防烈度提高一级做抗震设计，所有电气设备均应可靠地固定在支座或者支架上。具体抗震措施如下：

①变压器：变压器安装时拆除滚轮，采用地脚螺栓固定，变压器套管加设软连接，软连接采用铜编织带制成，软连接安装在变压器与外部连接母线的第一个支持点之间，并靠近套管。

②屏、柜、箱类设备：高压开关柜、低压配电屏、控制保护屏、直流屏、不间断供电设备（简称 UPS）和配电箱类，宜用地脚螺栓固定在基础上。成列高压开关柜、低压配电屏及控制保护屏等柜（或屏）之间，应在设备重心以上位置采用螺栓连接成整体。柜（或屏）间连接的硬母线在通过建筑物抗震缝、沉降缝、伸缩缝时，应加设软连接。高压移开式开关柜和低压抽出式配电屏的二次电缆插头应设有防松动措施。高压开关柜、低压配电屏和控制保护屏上的继电器和仪表应采用螺栓或安装夹具固定。高压移开式开关柜的移动单元应设有定位锁住机构。固定式高压开关柜上的隔离开关应设有定位锁住机构。低压抽出式配电屏的抽出单元处于工作位置时，应设有机械锁住机构。控制保护屏、励磁屏及其他柜屏中的电路板插件应设有防止松动的锁住机构。

③电气设备抗震选型要求：电气设备招标时选择符合抗震设防要求的产品。

④导体选择及线路敷设：在电缆桥架、电缆槽盒内敷设的缆线在引进、引出和转弯处，长度上应留有余量；采用金属导管、刚性塑料导管敷设时宜靠近建筑物下部穿越，且在抗震缝两侧应各设置一个柔性管接头；电缆梯架、电缆槽盒、母线槽在抗震缝两侧应设置伸缩节；电缆梯架或电缆槽盒敷设时，进口处应用挠性线管过渡。

4.1.3 自控设计内容

为使全厂污水处理系统能够安全可靠、经济合理地运行，使污水处理厂的管理和操作人员能够全面有效地调度管理和监控整个水厂的运行过程，能够简捷准确地操作控制各个生产设备，使处理后水质达到排放标准，根据本工程提标改造的总体布局和工艺流程的特点，结合一期污水处理厂现状，对现状改造部分在原二厂现有自控仪表系统设计的基础上扩展；本次提标改造新建工艺相对独立，因此本次独立配置一套自动化控制系统以及相应的仪表检测设备，对提标工程污水处理全过程进行实时监控和调度管理，自动化控制系统设置在二厂现状中控室内。

本次改造部分自动化控制系统接入二厂现状自动化控制系统后应通过控制系统应用软件重新组态，完成二厂现状污水处理厂和本次提标改造部分自动化控制系统的融合，系统集成时应与原工程无缝对接。

计算机监控系统由各新增现场控制站与中央控制室上位机利用光纤以太网连接进行数据通信。现场控制站由 PLC 机柜、可编程控制器和操作员面板构成。本次提标新设置 2 套现场控制站，其中 PLC5 由自动化控制系统配置，PLC6 由工艺设备厂家成套配置。现场控制站设在新建分配电室内，负责相应区域的数据采集和监控。其中 PLC5 控制站负责中间提升泵房、加药间、进出水配水井等的现场数据采集和监控；PLC6 成套控制站负责高效沉淀池设备及仪表的现场数据采集和监控；PLC6 控制站由工艺设备厂家成套并自成系统，控制柜须预留工业以太网接口，通过通信网络与上位机进行数据通信。

本次提标对二厂现状现场控制站 PLC1（位于二厂现状变配电室内）及 PLC2（位于二厂现状污泥浓缩脱水机房配电室内）进行扩容改造，具体改造由厂家根据本次提供的 I/O 表实施。

工业电视监视系统负责对本次提标改造工程各重点区域进行视频监控。摄像系统采用数字型彩色摄像机，云台控制系统采用串行通信视频信号，通过设置在现场的视频 NVR 系统及以太网交换机，连接到原中控室视频监控系统，通过原有视频服务器和视频监视计算机来进行系统控制、图像记录和视频监视。

本次提标改造工程现场及新建工艺处理建（构）筑物增加视频摄像机，通过以太网连接至中控室原有视频监视系统。

本设计中根据工艺流程设置必要的过程检测仪表。新建工艺构筑物检测仪表为 Profibus DP 总线式仪表，成套装置检测仪表为 $4\sim20mA$ 输出形式，并由厂家配套完成。

可编程控制器与仪表的接地应做独立的接地系统，采用等电位联结并要求接地网接地电阻不大于 1Ω。防雷接地电阻不大于 4Ω，通过线缆屏蔽接地、电子设备防静电接地、保护接地、功能性接地、浪涌保护器接地等方式组成自动化控制系统共用接地网络。

所有仪表电缆屏蔽层均在控制站一侧接地，仪表外壳、穿管和桥架均应与电气等电位装置可靠联结。

4.2 设备调试

4.2.1 单机调试

污水处理厂土建工程基本完成、电气设备、机械设备等安装到位后，对设备进行单机试车。对照电器、机械设备的指示对每个设备逐一试车。根据单机试车情况做好详细的记录。对于机械、电气系统的调试主要工作如下：

（1）机械设备各部件螺栓不松动、牢固可靠，密封处松紧适当。

（2）启动根据箭头方向旋转，运转要平稳，无异常声响和振动晃摆现象。

（3）检查设备供气、供电线路，确认线路连接无误、电机是否正常运转，测量电机温度是否在允许范围内，温度不应过高。

（4）在运转中保持动态应有的间隙，无抖动。

（5）各传动件运行灵活，包括钢丝绳与链条等柔质机件不卡不碰、不缠不跳槽，并维持合适的张紧状态。同时各传动器件运行平稳，无卡齿、跳槽现象。

（6）滚动轮与导向轨，各自啮合运转无卡齿、跳槽和发热现象。

（7）各限位开关或制动器，在运转中动作及时可靠。

（8）在试运转之前或之后，手动或自动操作，全程动作准确无误，不卡、不碰、不抖，电动机运转时温度变化在允许范围内。

（9）试运转时通常空车运转不少于两个运行周期，各部分应运转正常、性能符合要求。

（10）检查设备液压油、润滑油等装填情况，密封处是否有渗漏。另外注意的是水泵的调试要到位，对备用泵也要进行调试。首先离心泵使用前要灌水，然后保证运转方向正确，接线正确，同时还要区分可以空转和不能空转的泵，并标注清楚，防止出现空转损坏轴封等密封材料。另外对水泵有特殊要求的，则选择合适的水泵，并做好区分，尤其对于含有铬的废水等要采用特殊材质的泵。

4.2.2　联动调试

在污水处理厂正式调试运行前，对整套工艺系统进行了清水联动调试，调试目的主要是检查污水处理各构筑物及设备有无渗漏现象，各机械、电控设备能否在设计要求的条件下正常运行。清水联动调试是依照单机试车的整改意见，逐一排除单机试车时发现的问题，检查是否全部整改到位。调试时采用各构筑物及设备同时满水的方式，在进水的同时，根据流程逐一启动机械设备。重点监测曝气设备是否曝气均匀、各构筑物及设备是否存在漏水现象、管道是否漏水或接错以及各仪器仪表能否正常运行等，同时再次检查所有的泵是否可以正常运行且符合水泵使用规范。调试时需严格检查各构筑物的流量情况，核查能否满足设计负荷要求。

4.3　设备的运行管理

（1）泵作为污水处理厂最常用的设备，要定期维护，需选择合适的保养维修措施，同时依照进水量的变化和工艺情况调节水泵的运行，进水量减小时应适当提高开泵水位以减少水泵的启动次数。

（2）鼓风机要根据曝气池内的需氧量调节风机风量，在风机及其冷却系统发生故障时，应切换风机并对故障风机进行及时检修。对长期不适用的风机应关闭进、出气阀，将系统内存水放空。

（3）空压机房要控制机房温度，当夏天温度过高时要注意散热，配备两台空压机的，可以相互错开使用，定期进行维护，并将系统存水放空。另外对于当天需要曝气的设备要检查出气阀是否关闭，防止出现倒吸现象。

（4）需电的设备要注意用电安全，定期检查设备线路以及接线接头是否松动等。

（5）对于 pH 计、溶氧仪等敏感的先进设备要定期维护，不能长期露在空气中。其他的特殊设备都要按照要求进行维护；设备是污水处理厂正常运营的推动器，制定完善、有效地维护保养制度很关键，严格执行机电设备的检查制度确保仪器、仪表正常运行，以及各种润滑油或者机油不泄漏等。

4.4 常见设备故障处理

4.4.1 格栅机、搅拌器及推流器等直启设备电气故障分析与处理

4.4.1.1 过载故障

格栅机、搅拌器及推流器多采用直接启动控制方式，它们的故障情况一般为过载故障，热继电器发热动作，使电机主电路断开起到过载保护作用。电机过载是指电机实际运行功率超过额定功率的状态，由于电机负载转矩太大，导致电机电流超过其额定电流，电流过大会造成定子绕组发热严重，绕组绝缘因过高温度而老化严重，过载运行转速会变慢且电机发出异常振动或有"嗡嗡"声，严重时甚至可能堵转以及影响电机的使用寿命。

通过观察法目测电机传动机构是否有异物卡住以及是否过紧或过松，传动机构润滑油是否干涩以及轴承是否卡壳、机械锈死等，手动盘一下电机，判断是机械故障还是电机本身的质量问题，电机密封是否完好，有没有受潮、漏电的现象，轴承连接处是否受损变形等，都会导致电机负载增大，应尽量先排除这些缺陷。使用手去触摸电机表面来检查轴承温度或设备运转是否存在严重振动等现象，也可以通过嗅觉察看周围环境是否存在焦臭异味，严重时还会冒浓烈的黑烟。运用兆欧表测量电阻值，来判断电机绝缘是否受潮或因事故而击穿，测量前必须将被测设备电源切断，并对地短路充分放电。对可能感应出高压电的设备，必须消除这种可能性后，才能进行测量。根据不同等级选用不同的兆欧表测量每组的绝缘电阻，通常对 500V 以下电压的电机用 500V 兆欧表测量，兆欧表的 L 端接绕组，（可全接，也可以逐个测试）E 端接电机外壳，一般中小型低压电机测试结果全部不小于 $0.5\text{M}\Omega$ 为合格。如果读数极小或为 0，可以判定该项绕组接地。

查看电气原理图，确认电机的额定功率与实际负载是否匹配，如果电机的额定功率小于实际负载，负载过重。如果电机长时间超负荷运行，电机顶部转子电流增大而发热增大。电机供电电压过高或过低，电机损耗增加。长时间运行极易出现绕组电流不平衡现象。热继电器故障使电机控制电路断开而交流接触器线圈失电，接触器触头分开而主电路断开，电机停车而得到过载保护。当故障排除后，按复位按钮使热继电器复位后才可以重新启动电机。热继电器选型时其整定电流的 $0.95\sim1.05$ 倍等于电机额定电流，使用时要将热继电器的整定电流调至电机的额定电流值。一般这类电机设备使用一段时间后，会因

机械磨损或绝缘值降低等造成电机实际运行电流比额定值大，需要重新对热继电器进行整定。如果是热继电器热元件变形不能复位或是质量问题，需要更换与原规格一致的热继电器。热继电器电流的整定值不能超过断路器额定电流值，如果超过会造成热继电器保护没有起到作用而断路器频繁跳闸，影响相关电气设备的正常运行。

4.4.1.2 三相电流不平衡故障

三相电流不平衡故障会导致电机启动困难，电机运行时噪声增大，严重时发出剧烈振动及吼叫，电流增大时，如果不及时停机可能会烧坏电机。检查三相电压是否不平衡，变压器三相绕组中是否有某相发生异常，如果有异常会造成变压器输送到 MCC 动力柜电源电压不对称，如果动力柜到电机线路过长，电缆截面大小不均匀，每相电缆上的阻抗压降不同，会造成各相电压不平衡。由于污水处理厂设备比较多，会存在动力、照明混合共用的情况，照明属于单相负载，如果过于集中于某一相或某二相，各相用电负荷分布不均，造成各项电压、电流不平衡。

首先，用万用表测各项电压看是否在允许的范围内，如果三相电压不平衡超过 5%，会使电机的电流超过其额定电流的 20% 以上；然后，用钳形表测量每相电流是否正常，检查具体电气回路线路是否正常以及各连接线处和触点是否松脱或氧化，如果电机所带负载过重，长时间处于过载运行状态，就会造成绕组电流不平衡现象；接着，检查电机电源进线与接线盒是否存在漏电现象，电机频繁启动时，启动时间过长或过短都会造成线路熔丝熔断；最后，进一步检查电机本身是否有短路、断路或者绝缘损坏、定子绕组接地等问题。

4.4.2 水泵、风机等变频设备电气故障分析与处理

变频器主要由整流、滤波、制动单元、驱动单元、检测单元以及微处理单元等组成，将商用交流电转换为频率和电压可控可调的交流电。整流是将工频交流电变为直流电。逆变是将直流电变为电压和频率可控可调交流电。变频器还具有过电流、过电压和过载保护等保护功能。变频器在污水处理厂中应用非常广泛。由于污水处理厂水泵及风机用电量占整个污水处理厂用电量的 80% 以上，水泵及风机采用变频器后省电比率为 20%～60%，有利于节能减排。电机变频器启动使电机不断加速，频率和电压相应增加，启动电流被限制为小于额定电流的 150%，最大电流也不会超过 200%，启动转矩为额定转矩的 70%～120%。直接用工频电源启动会使启动电流为额定电流的 6～7 倍，因此，变频器启动过程比较平稳，可以减轻负载启动对电网的冲击，有效减少无功损耗以及提高电网的有效功率，还可以减少机械和电气上的冲击以及传动部件之间的磨损，延长设备的使用寿命，降低设备的维护费用。

4.4.3 电动阀门故障分析与处理

电动阀门由电动装置和阀门两部分组成，通过安装调试连接起来，电动阀门使用电能作为动力来接通电动装置驱动阀门，实现阀门的开关、调节动作，从而完成对管道内介质的开关或调节。电动装置一般由专用电机、减速机构、行程控制机构、转矩限制机构、手动自动切换机构以及开度指示器组成。电动装置的控制模式一般分为开关型和调节型。电动阀门一般出现的故障为卡堵，多出现在新系统投运和设备大修期间，由于管道内焊渣、

铁锈等造成堵塞，使得介质流通不畅，阀门在开启或关闭的过程中摩擦力增大，导致力矩过大，因此在安装前要对管路进行清洗，排出管道内的焊渣、铁锈等污物。安装调试后，为了保证污物没有残留在阀体内，还应该再次清洗阀门。由于污水处理厂大多数阀门长期处于常开或常闭状态，行程或力矩控制机构容易失灵，需要开启或关闭时易出现开关不到位，电机长时间处于工作状态甚至烧坏电机，造成电机故障，一旦电机损坏则无动力输出。因此要做好阀门维护保养，每过一段时间需要对阀门进行切换，来回操作几次阀门的开启或关闭，可以确认阀门是否卡死以及限位开关是否失灵。

5

污水处理厂施工管理

5.1 工程管理

5.1.1 施工准备

在污水处理厂提标改造工程中，施工前的准备工作是整个项目施工管理成败的关键，重点工作的施工准备不充分，将会导致整个改造项目工程进度不可控，施工成本成倍增加更甚者会出现项目亏损。污水处理厂提标改造工程是接续原有处理工艺，进一步增加和改造部分工艺达到污水处理的效果，达到最新排放标准要求。污水处理厂提标改造一般包含新建构（建）筑物、敷设工艺管道、安装工艺设备、安装电气设备、安装自动化控制设备、整合联动厂区整体电气自动化控制系统。具体准备工作如下：

（1）建立项目管理机构，成立项目管理机构是所有项目施工准备阶段的首要任务，污水处理厂提标改造工程涉及专业多，一般施工企业不能覆盖所有专业，项目成立初期根据自身人员配置情况，对不能覆盖的专业临时聘用外部专家或聘请运营单位相关技术人员作为顾问，在项目前期策划中起到关键作用，确保前期策划能够全面，切实指导后续施工。

（2）污水处理厂提标改造工程开工前重点准备工作：首先组织运营单位、设计院对设计图纸工艺流程进行审查，确保设计意图和设计理念符合运营单位的要求；其次联合各方对设计图纸进行会审，尤其是设备选型，土建结构尺寸，工艺管线的排布要进行重点研究和讨论，确保设计符合后续运营，设备选型尽可能和原厂设备配套使用，方便后期运维；最后对现场施工区域的情况联合运营、设计、监理等相关单位人员进行拉网式摸排，特别是地下管线布置情况一定要了解清楚，对排查情况形成书面成果，各方签字确认，防止后续开挖后发现障碍物重新改线造成不必要的返工和成本损失。

（3）设备采购准备工作，设备采购工作在污水处理厂提标改造工程中尤为重要，造价一般占比整个工程造价的一半以上，设备采购的成败，也是项目管理成败的关键点之一，设备采购首先根据前期图纸会审的情况罗列出设备的参数型号及安装顺序，编制设备采购计划；其次根据设备的型号参数，初步拟定设备生产厂家和品牌，有针对性地进行市场询价工作；最后根据询价结果进行分析，确定入围的设备供应商和生产厂家。

5.1.2　重点管理

针对提标改造的特殊性，项目施工管理的重点主要有以下几个方面：

（1）整改厂区工艺管道施工管理很复杂，尽管施工前期联合运营、设计、监理单位摸排清楚了厂区地下线管线的走向、埋深、材质以及用途，并结合设计图纸对工艺管道施工存在影响的位置进行了调整合理避让，但是由于厂区已进行多次提标改造，现有运营人员不能对厂区的具体情况进行详细的说明，导致前期拟定的施工方案不能有效地指导施工，管道施工存在边施工边设计的问题。工艺管道施工过程中一定要与运营单位和设计院保持密切联系，对存在的问题第一时间进行解决，管道材料尤其弯头要结合施工进度提前预判，提前进场，确保施工任务不因存在突发变更而停工待料。

（2）提标改造选定的设备型号和参数因供应商和厂家的不同，导致设备结构尺寸和工艺要求略有不同，设备基础和部分土建二次填充结构需要深化设计，现场施工管理时，要与物资设备采购部门密切联系，按照现场施工进度，提前筹划设备采购工作，及时完成设备采购，避免过程中因设备采购不及时，导致深化设计滞后，现场土建施工不能按照既定工期进行施工，造成施工进度不可控，整个工期滞后。

（3）污水处理厂提标改造施工中土建结构、工艺管道、工艺设备、电气设备、自动化控制设备的施工均不同程度地存在交叉作业，施工中项目管理人员要做好统筹管理安排，分清施工的轻重缓急，合理安排施工任务。尤其是在大面积建设阶段，各专业全部进场施工，项目管理团队每天要做好施工任务安排，合理规划施工，根据各分项施工周期和施工的紧迫性，合理安排各自的施工任务，做到有效地避让，避免出现一个专业干活，其余专业全部停工等待的现象。

5.2　技术管理

5.2.1　图纸及深化设计管理

1. 项目与设计配合

（1）首先迅速掌握本工程的设计指导原则、思路和设计方法，并找到与之相适应的结合点。

（2）专项工程由各专业承包商进行二次深化设计，业主方审核后的详图，提交给设计方审批。

（3）经过批准的施工图纸，应满足建设工程设计文件编制深度的规定，工程的竣工图应满足我国关于工程竣工图的要求，便于业主方从全局的角度通盘运作、组织安排好各工序和交叉施工。

2. 图纸深化设计的审核、审批

（1）针对本工程工期、深化设计工作要求高的特点，项目部安排工程部专门进行设计协调和会审把关，充分保证设计方的出图计划、出图质量以及图纸的配套，杜绝或者避免不必要的设计修改。

（2）尊重工程设计单位和监理工程师的意见，真正实现工程的设计标准、档次、风格、功能等，体现设计意图，最终达到业主要求的工程效果和使用功能。

3. 对专业承包商深化设计和详图设计的协调和管理

（1）除按照合同严格管理各专业承包商之外，应协助、指导各专业承包商深化设计和详图设计工作，并贯彻设计意图，保证设计图纸的质量，督促设计进度满足工程进度的要求。

（2）协调专业承包商与设计单位的关系，及时有效地解决与工程设计和技术相关的一切问题。

（3）协调好不同专业承包商在设计上的关系，最大限度地消除各专业设计之间的矛盾。

4. 对设计的配合措施

（1）进入施工现场后，组织相关专业技术人员对施工图纸进行详细的会审，提出图纸中存在的问题，并尽快组织四方图纸会审，解决制约工程实施的相关问题，同时也请设计方对本工程进行一次全面的设计交底。

（2）根据施工总进度计划，提出施工图需求计划，以确保施工准备所需的施工图纸。

（3）对工程实施中出现的与设计相关的问题，及时向设计方进行汇报，征求设计方的意见。

（4）严格遵循设计图纸要求，在对设计意图理解不清时，及时向设计方请教，以确保设计意图的实现。

（5）负责审核专业分包商绘制的加工图、安装节点图等，并报送设计单位批准，未经设计单位批准的图纸不得使用。

（6）严格执行设计图纸要求，无设计变更或工程洽商，任何人无权改动施工图纸。不按照施工图纸、设计变更或工程洽商施工，业主方将勒令其停工整改。并追究其因返工而造成的各种经济损失和工期损失。

5.2.2　施工方案管理

1. 方案清单编制

根据前期策划、施工组织设计、分部分项工程划分、安全（环境）风险评估报告，编制项目施工方案清单，报公司技术质量部审查确认，确保方案清单定级准确，方案覆盖全面。

2. 方案分级管理

根据公司的方案管理制度和项目实际情况将本项目所有方案分为三级（Ⅱ级、Ⅲ级、Ⅳ级）以便于施工管理。

（1）Ⅱ级施工方案（符合其中一项即可）：

1）地质、水文、气象环境等自然条件复杂，工艺复杂，技术难度大，使用大型施工设备的分部分项工程。

2）超过一定规模的危险性较大的分部分项工程。

3）施工安全（总体、分项）风险评估等级为高度风险的分部分项工程。

（2）Ⅲ级施工方案（符合其中一项即可）：

1）危险性较大的分部分项工程。

2）施工安全风险评估等级为中度风险的分部分项工程。

3）从安全、技术层面需要各施工主体单位评审的。

（3）其他的分部分项工程为Ⅳ级。

3. 施工方案编制

（1）施工方案实行标准化编制。方案的内容、格式、结构均按照统一的要求执行。宜引用成熟工艺形成的工法、工艺标准、通用图等模块。

（2）施工方案编制应做到内容齐全、依据充分、结构完整、表述清晰。部分Ⅱ级施工方案的编制应先形成初步方案，邀请专家对工程重难点、方案比选、关键技术措施进行讨论，避免缺漏和深度不足。结构安全评价应有结构受力分析的支持。针对超过一定规模危险性较大的分部分项工程组织专家进行评审论证。

（3）施工方案的比选。各级施工方案的制定，应根据现场和项目部工、料、机等生产要素情况，通过多方案比选和综合技术经济分析比较后确定，对于关键参数的确认，需进行相关试验选取，针对技术难度复杂的Ⅱ级施工方案，应编制重大方案经济分析及工艺比选报告。

4. 方案实施与监督

（1）实施前方案交底

1）项目总工程师组织编制人员对实施人员、现场管理人员进行方案交底。

2）方案交底应以书面形式进行，内容包括：设计图、环境条件及其作用、水文地质、监控重点、注意事项等，并充分交流说明。

3）项目现场管理人员向施工作业班组、作业人员进行安全技术交底，并由双方和项目专职安全生产管理人员签字确认。

（2）方案批复、交底后，对于超过一定规模的危险性较大的分部分项工程施工方案，项目经理部组织主要编制人员在方案实施的关键时段到现场指导、服务。项目专职安全（环保）生产管理人员应当对该类施工方案实施情况进行现场监督。

（3）实施过程中应尽可能避免施工方案的变更，任何变更均应得到原设计人员的复核和许可。方案变更应符合以下要求：

1）项目总工程师将变更理由、依据及编制方案，及时通知编制人员和上级单位。

2）编制人员对前提条件的变化程度作出判断，提出变更方案，并及时通知内部评审人员、项目经理部及其上级单位。

3）对方案的重大修改重新进行内部评审、审核。超过一定规模的危险性较大的分部分项工程重新组织外部专家论证。

4）对方案的任何修改、技术建议、洽商均以签字的书面形式为准。编制人员及时书面回复实施单位的修改建议。

（4）对于超过一定规模的分部分项工程，实行关键工序实施申请制。实施前必须进行公司内部审批、外部专家评审及监理和业主审批，确保现场按照批复后的方案做好施工准备工作。

5.2.3 科技创新管理

1. 技术创新管理

为了更好地推进企业技术进步、促进企业发展、提高企业市场竞争力，项目针对现场施工技术难点、关键技术，引进对工程项目、企业有实用价值的创新技术与研究成果，通过适用性试验研究或继续研究进行消化、吸收、应用、创新，革新改造原有施工、生产工艺、机具设备和管理方法，推广有应用前景，能够创造良好经济效益和社会效益的新工艺、新材料和新产品，从而提高工作效率，保证安全质量，改善劳动条件，获取较好的经济效益。

2. 建立健全组织机构

成立以项目经理为组长的技术创新领导小组，副组长为其他项目部领导，组员由有关部门负责人组成。项目部技术创新领导小组办公室设在工程部，负责日常的工作管理。作业队应相应成立技术创新工作小组。

技术创新领导小组的主要职责是：全面领导本项目的技术创新管理工作，对本单位施工的技术创新负责。

3. 技术创新管理的基础工作

技术创新管理的主要工作内容：

（1）编制本项目的技术创新计划，执行上级下达的科技发展计划，检查、分析和总结项目科技工作。

（2）参与科技计划项目的立项审核、合同签订、过程管理，适时跟踪、检查合同项目进展情况，为合同项目提供技术服务，协助完成合同项目。

（3）组织有关部门编制科技投入经费、科研器材申报计划，认真测算科技投入经费，对经费使用情况进行监督。

（4）积极参与科技成果鉴定、评审或验收，以及科学技术进步奖、工法的评审、推荐上报及组织其他科技奖励的评审工作。

（5）推进科技成果转化，为施工一线提供技术咨询服务。

（6）组织开展技术培训和技术交流活动，做好技术信息管理工作。

（7）收集、整理技术创新信息，及时总结，并上报各种报表和相关材料。

5.3 质量管理

5.3.1 质量管理目标

工程质量标准符合现行各专业工程施工质量验收规范的合格标准。

施工全过程应遵守国家和行业颁发（对进口设备和材料而言则为国际认可的）的规范、技术标准以及建筑、安装和环保规定，及有关类似容量、范围及性质的城市污水处理厂的规定。在签订合同后，如果国内的规范、技术标准或规定进行了重大修改，或颁发新的国家规范标准及规定，则投标人应遵守新的规范和标准。

施工中严格按照上述国家及相关规范要求进行施工和检验，对建筑、安装施工全过程实施持续有效的控制，确保本工程单位工程质量合格率100%，争创优良工程。

5.3.2 建立完善的质量管理体系

为了更好地保证工程质量，加强施工管理和监控，建立包含组织保证、工作保证、制度保证的质量保证体系（图5.3-1）以及由项目经理主控、包含各相关业务部门的质量保证管理组织机构，质量保证管理组织机构图如图5.3-2所示。

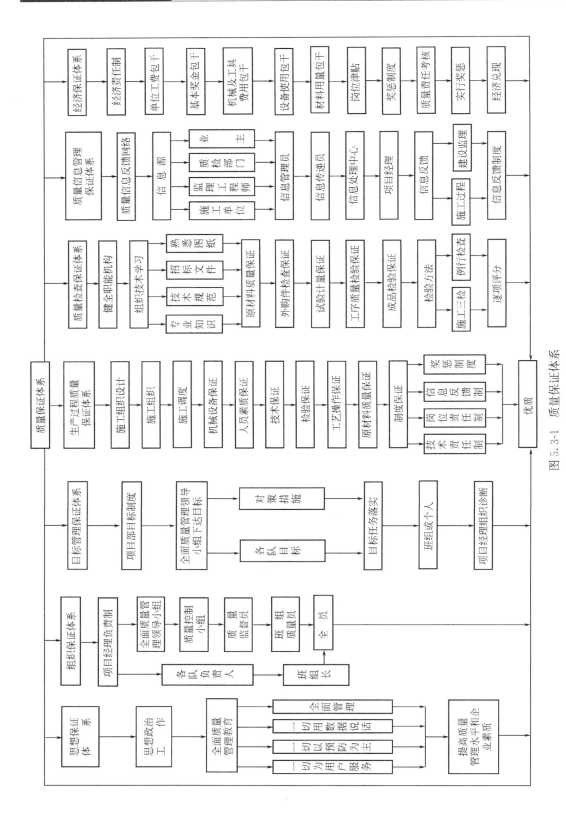

图 5.3-1 质量保证体系

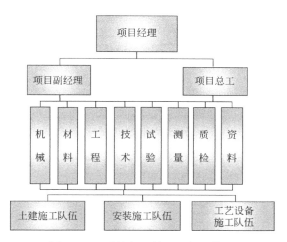

图 5.3-2　质量保证管理组织机构图

5.3.3　质量管理程序和质量管理制度

（1）坚持质量管理责任制，做到目标清、任务清，班组对个人，施工队对班组，项目部对施工队逐级考核，实行质量否决权。实行挂牌上岗，对施工队采取按工种定人、定岗、定责的三定措施，并针对工程的实际情况进行工前培训，把质量责任落实到每个具体施工人员，使工程质量始终处于受控状态。

（2）建立"自检、交接检、专检"的三检制度，工程施工均实行"挂牌制"，每一面墙、柱、顶板由谁施工，均应标识清楚，如果出现问题直接找当事人，对其进行培训、教育，使他了解质量要求和具体施工方法，如不改正则将其驱逐出场。各分项工程必须先施工样板墙、样板间，形成"样板制"以此带动质量管理。

（3）建立质量奖惩制度，对直接操作工人实行重点部位质量奖，即分项工程质量奖和质量竞赛奖；对管理人员实行质量与工资奖金挂钩的管理办法，即分项优良率达到设计目标给予质量奖励，达不到扣减。

（4）为了更好地保证工程质量，加强施工管理和监控，成立以项目经理为首的质量管理小组，贯彻质量责任制，落实各级人员的质量职责，增强质量意识，不断提高管理水平，最终实现工程创优的质量目标。

（5）推行全面质量管理，严格执行国家相关的法律、法规，贯彻公司《技术质量管理制度汇编》文件要求，落实各级管理人员及施工操作人员的岗位责任，责任与经济利益挂钩。项目部要与各类管理人员及施工队伍签订质量责任状，以保证以人的工作质量来保证工程质量。

（6）必须按照施工规范、施工工艺标准及施工图纸施工，并按国家质量验收标准进行检查验收。要认真抓好施工组织设计、施工方案、技术交底的实施，使一切工作都做到有依有据，杜绝一切不按规定操作的行为。

（7）各分包单位、施工承包队及施工班组，必须在项目部质量管理小组统一领导下进行各项工作，必须服从项目部的统一安排，相互协调好，配合好。

（8）施工中要严把各工序质量，将质量目标落到实处。重要部位、薄弱部位均设立质量控制点，并指定专人进行检查控制和落实。要针对各种质量问题制定有效的预防措施，加强施工过程中的检查验收工作，保证各项工作均处于有效的预控状态。

（9）劳务施工队伍要对其资质及曾施工过的工程进行考察，择优录用。入场前应进行全员质量教育及相关知识培训，并进行考核，不合格者不得使用。施工过程中，要定期或不定期开展质量竞赛，奖优罚劣，质量不能保证的队伍将及时清退。

（10）项目部配备经验丰富，有相应资格证书的工长、质检、测量、试验人员等，所有特殊工种的操作人员均经过培训，持证上岗。现场准备可靠的检查工具和配备齐全的设施，保证各项质量管理工作的正常进行。

（11）加强原材料和半成品构件等材料的进场检查、复试制度，严把材料质量关。各种材料均要按正规渠道购买，有生产许可证的厂家产品，产品必须具备出厂检验合格证、材质证明等。需要进行复试的材料（如钢材、水泥、防水材料等）必须通过复试合格后方可使用。工程上所用的特制材料和设备还必须由分包方提供样品，经业主及监理工程师认可后方可使用。

（12）坚持三检制度。实行操作挂牌，把施工质量目标控制的数据、标准公示，使操作人员做到心中有数，操作有标准、有依据，有效地保证操作质量。质检人员必须深入施工现场，认真检查验收，发现问题及时解决，不留隐患。每道工序不符合验收标准的不准进入下道工序施工。

（13）坚持和完善样板制。项目部组成验收把关小组，抓好样板段、样板间的验收，经验收小组验收后方可大面积推广，以保证工程质量目标值的实现。

（14）坚持会签制。各专业间要配合协调好，每道工序施工完后要进行会签，会签合格后方可进行下道工序施工。

（15）坚持工程质量例会。项目部定期召开工程质量分析会，对施工中已出现的问题要认真分析查找原因，找出责任人，并制定切实可行的措施，提出整改时间、主要完成人、检查人，保证该阶段的质量问题下一阶段不再出现。另外，在分析会上指出下一道工序的主要预控点和需要注意的地方，努力做到预防为主，防患于未然。

5.3.4 质量管理措施

5.3.4.1 加强施工过程中的质量管理

（1）严格按照设计图纸、施工组织设计及施工规范进行统筹安排，做好施工技术交底工作，将设计意图、操作规程、施工工艺和质量标准向各级施工人员进行详细讲解交底，使操作人员掌握好自身工作内容，达到施工准备无误的目的。

（2）主体工程施工中严格执行规范及有关操作规程，按《建筑工程施工质量验收统一标准》GB 50300—2013进行检查和验收，并做好以下各项工作：

1）严格控制好坐标、标高，模板支撑牢固、围封严密。

2）做好自检、互检、交接检工作，并需得到监理验收合格签认隐蔽后才能继续下一步的施工。

3）混凝土浇筑前要确定好浇捣顺序，布置好交接班和准备好足够的劳动力，避免出

现冷缝;

4）砂浆、零星混凝土采用机械搅拌，保证搅拌均匀，各类原材料严格按中心试验室配合比投料，混凝土搅拌时，砂、石、水泥采用车过磅来计量，保证投料计量的准确性，保证砂浆、混凝土强度满足设计要求。

5）工程需要的原材料，按双保控制质量，对钢筋、水泥、砂、石等均需经过中心试验室检验、合格后方能投入使用。

5.3.4.2 明确责任，提高管理、操作人员素质

为了提高项目管理的整体水平，不断提高施工人员的素质，使质量落实到实处，我们拟采取如下措施：

（1）每星期召开一次工程质量例会，组织各相关管理人员学习有关法律、法规、规定及上级部门下达的有关质量文件，根据现场实际，学习有关图纸及规范、规程、标准，汇报施工质量情况及布置今后工作等。

（2）项目开工前，由分公司技术质量安全人员对现场管理人员进行技术交底及各种资料收集交底，使每个现场管理人员对自己的责任、任务有清晰的认识。

（3）项目经理要安排时间让工长、项目技术主管组织人员学习图纸、规范、规程、标准等，分部分项工程开工前，工长要对作业人员进行详细的书面的技术、质量、安全交底工作，无交底者不准进行施工。

（4）技术、质量、安全管理资料与现场工程质量有同等重要的影响，必须做到收集、管理工程技术资料与施工同步进行。

5.4 安全管理

1. 安全管理网络及组织措施

（1）成立以项目经理为第一责任人的安全领导小组管理网络。

（2）安全管理网络应包含协作队伍、班组长在内。

（3）项目应为工程安全生产投保，为本工程施工人员购买意外伤害险和第三方人身险，确保人员人身安全。

（4）委托当地安全监督部门进行安全监督，按照安全管理要求，切实做好安全生产和文明施工工作。

2. 安全管理制度与措施

（1）建立健全各级安全生产责任制度，执行安全生产的各项规章制度及安全奖惩制度，建立安全检查和安全值班制度，杜绝盲目施工、违章指挥、违章操作。

（2）对全体施工人员进行安全技术交底和安全教育培训，提升人员的安全意识，牢固树立"安全第一，预防为主"的思想。

（3）建立安全检查台账，定期与不定期地开展安全生产专项检查，对事故和事故隐患认真做到"三不放"，及时落实整改措施。

（4）认真做好各项安全设施的设置及防护用品的分发，并设立安全奖励基金，专款专用，杜绝重大伤亡事故发生。

（5）现场在主要作业点、危险区、主要通道口都必须有安全宣传标语或警告牌。

（6）现场实行封闭式管理，在施工现场出入口设置大门及实名制通道，并有门卫和门卫制度，做好施工区域内的安全保卫工作，闲杂人员未经允许不得进入施工场地。

3. 安全生产岗位职责

（1）项目经理：安全生产第一责任人，对安全生产负全责。

（2）项目副经理（安全总监）：负责安全生产的各项具体工作的布置、落实、检查，编制本工程安全技术规程。

（3）专职安全员：现场巡视检查、监督，负责处理现场的安全防护和安全隐患的排除等，有权发布班组暂停工作的指令，并采取保护性措施，防止事故的再发生，做好安全台账。

（4）班组长（兼职安全员）：负责本班组的安全生产，是班组安全生产第一责任人。

（5）操作工人：遵章守纪，按章操作。

5.5　成本管理

（1）在施工过程中加强工程造价管理的领导和监督，根据施工预算和下达的成本目标与工程进度计划，编制项目总造价、成本预控计划和季度、月度成本预控计划，并分解落实、责任到人，把工程造价、成本控制贯穿于施工全过程。

（2）周转工具进出场时认真清点，正确核实并减少损耗数量，使用后要及时回收整理、堆放并及时退场。

（3）根据项目施工计划进度，严格按图纸计算材料用量，确保材料订购数量的准确性。合理组织材料、设备的供应，保证工程的施工顺利进行，杜绝因停工待料所造成的损失。材料进场后坚持验质、点数、过磅、量方、记账等工作。

（4）施工过程严把工程质量关，严格执行 ISO9000 质量管理程序文件，实行工序过程控制，加大跟踪检查力度，保证各分项工程的一次成优，减少返工浪费和修补损失。

（5）做好工程变更洽商，设计变更通知单等文件资料的收集，及时做好工程成本及工期的索赔工作，最大力度挽回损失。

（6）结合施工方法，进行机械设备选型，确定合适的机械设备的使用方案，严格执行限额领料，控制材料消耗，对材料节余要制定奖罚措施，同时做好余料的回收和利用。对材料操作损耗特别大的工作，由生产班组直接承包，使工人从主观上产生节约意识，并自觉地从施工中节约材料。

（7）加强安全管理，杜绝死亡和重大机械事故，严格控制轻伤频率、把安全事故减少到最低限度，减少意外开支，并做好现场安全保卫工作，防止材料、机具等的失窃。

（8）制订详细的试验计划，减少试验费用，合理使用办公、通信等费用。

（9）加强水电使用管理，制定水电使用管理制度，施工设备优先选用节能产品，节约能源。

（10）选择科学、先进合理、经济的施工方案，关键及特殊工艺采用多方案比选后确定，设置合理化建议奖，充分调动职工的积极性，挖掘生产潜力，提高生产效率。

（11）材料采购采取招标方式，实行"三比"择优选择供应商，购买质优价廉的材料。

5.6 设备物资管理

污水处理厂在进行污水处理时涉及很多专业的物资设备，比如污泥脱水设备、输送设备、泵类、风机、潜水搅拌设备、药液、线缆等。设备大体上可以分为专用设备、电气设备和通用设备三类，通用设备指污泥泵、污水泵、计量泵、存水泵、刮泥吸泥机、热交换机、污泥脱水机这些污水处理专用设备，电气设备指电动机、照明设备、开光装置等生产中用到的电气基础设备，通用设备指离心机、捯链、烘箱、冰箱、恒温箱、手动和电动闸阀等一般工业生产中经常会用到的机械设备。

由于污水处理厂的设备类型较多，不同的设备在进行污水处理工作时所承担的任务不同。比如离心脱水机，运行自动化程度高，与其相关的设备也比较多，使其受影响的因素也是多方面的，较容易出现故障，并且维修起来十分复杂，价格比较昂贵。再如提升泵，提升泵长期在水下进行工作，长期受水作用，工作的环境较差，工作状况很难进行监控，一旦出现问题受影响的范围也很大。而在进行污水处理厂设备物资管理时，需要掌握不同设备的工作特点和工作环境也是非常重要的一点，只有掌握设备的特点、差异和特殊性，才能合理调配资源，实现生产效益的最大化。

在设备物资采购方面，设备物资采购技术规格应该与招标文件技术规格规定或行业规范及标准保持一致，如果技术规范中没有明确规定，则物资设备采购应符合国家有关部门最新颁布的相应正式标准。要保证所采购设备物资对于污水处理厂是有用且必需的，相应的型号或规格能够满足污水处理厂的生产需求。对此，设备物资采购前就需要结合污水处理厂实际情况制订详细、明确的采购计划。

所采购的物资设备可能机型较大，运输起来比较复杂。因此，需按照相应标准的保护措施进行包装盒运输，这种包装应适用于海运、空运和陆上运输，并且应该具备良好的防潮、防振、防锈以及防止暴力拆装野蛮装卸等一系列的保护措施，能够保障货物安全运输到现场。而对于一些重量较大的设备物资，在进行运输前应该按照国内贸易相宜的运输标志标明中心位置及吊坠位置，同时根据货物的具体情况，在包装显眼处标记防潮、小心倒放等贸易标志，以便装卸和搬运中采取恰当的方式，不损坏设备物资。各个包装上还应该附有详细的装箱单和质量合格书。设备物资采购时，质量合格证书需要详细列明制造商检验的细节和结果说明。它将作为买卖双方付款单据的组成部分，但不是对产品质量、规格和性能的最终定论。在设备物资进场时，需要会同法定质量监督检验部门，按照合同文件规定的验收规则对货物的有关内在和外在进行详细检查，如果发现到场设备与实际采购技术、污水处理厂的实际需求不符合，应该对物资设备进行拒收处理。

设备物资的及时供应是保证项目工期目标实现的基础，施工中及时申报项目设备物资需用计划，物资部门根据合格分供方名单择优选用，提前联系好设备物资的供应渠道。物资部门还应及时收集信息，对当前紧缺设备物资加大库存。严格落实现场料具管理制度，落实料具管理人员岗位责任。对分包单位的材料，根据现场的统一规划进行存放布置。按三阶段的施工平面布置图明确的位置，搭设临时仓库和料场，仓库要防雨、防潮、消防器具齐全，并安门上锁，料场要平整、夯实，高于周围地面，四周排水畅通。进场材料按要求存放，露天存放物资按品种、规格、分类堆放，码放整齐，并做好标识。库内存放的材料要分类清楚，码放整齐，标识明显，材料摆放位置要方便收发。现场按计划进料，按计划或任务书发料。明确为可追溯性物资的材料，按质量体系中《物资设备标识和可追溯性控制程序》要求执行，并详细填写有关记录，做好标识，便于实现可追溯性跟踪控制。现场使用的材料必须有合格证，材料员要搞好材料合格证的收集工作。现场码放的材料均用标牌进行标识，注明规格、型号、数量、产地、等级及进场日期。加强材料管理人员的业务培训和季度考核工作，考核结果有文字记录。